Praktische Stanzerei

Ein Buch für Betrieb und Büro
mit Aufgaben und Lösungen

Von

Eugen Kaczmarek
Oberingenieur in Berlin

Dritter Band

Verbundwerkzeuge, automatische Zuführmittel und Fließweganlagen

Mit 102 Abbildungen

Springer-Verlag
Berlin / Göttingen / Heidelberg
1954

ISBN 978-3-642-52914-6   ISBN 978-3-642-52913-9 (eBook)
DOI 10.1007/978-3-642-52913-9

Herrn Professor

Dr.-Ing. **O. Kienzle**

in Verehrung gewidmet

Vorwort.

Die zunehmende Fließfertigung beim Zusammenbau industrieller Erzeugnisse bedingt eine so große Einzelteilfertigung, daß die Einzelteile vornehmlich mit Verbundwerkzeugen zu fertigen sind. Schon jetzt ist ein Wandel in unseren Werkzeugbauweisen vorauszusehen, indem das Teilefertigen in zeitgebundenen Arbeitsgängen ablaufen wird. Dieses Buch will die zu erwartende Entwicklung beizeiten mit technischem Stoff bereichern. Es behandelt die notwendigen Bauelemente für V-Werkzeuge und Fertigungsbeispiele einschließlich automatischer Herstellverfahren. So kann dies Buch dem Ingenieur für die Verwirklichung seiner eigenen Ideen nützen. Wird aus diesem hier gebotenen Stoff etwas Ersprießliches für den Fachmann erwachsen, dann ist damit der Zweck dieses Buches erfüllt.

Berlin, im November 1953.

E. Kaczmarek.

Inhaltsverzeichnis.

Inhaltsverzeichnis. VII

J. Gleichrichtmethoden und Schleusen für Nutzteile.

K. Automatische Zuführmittel.

L. Fließweganlagen für Fertigungsteile.

Vergleichsbeispiele.

Berichtigung.

Seite 17, Zeile 24 von oben: lies Stanzstempel statt Stanzhebel

Seite 21, Zeile 13 von oben: lies Ausdrehung statt Ausdehnung

Seite 37, Zeile 2 von oben: lies oder statt ohne

A. Einleitung.

Verbundwerkzeuge.

Wandel auf werkzeugtechnischem Gebiet und Wirtschaftlichkeitsbetrachtungen bei Verbundwerkzeugen.

Verglichen mit dem ungestörten Arbeitsablauf einer Fließfertigung ist das Arbeitsverfahren mit Einzelgangwerkzeugen sehr umständlich und sollte so bald wie möglich beseitigt werden. Durch Gedankenaustausch und Wetteifern mit dem Ausland werden wir unsere Anschauungen zugunsten der Verbundwerkzeuge ändern müssen, ganz gleich, ob wir dazu geneigt sind oder nicht. Wir sollten auf keinen Fall schöne Werkzeuge herstellen, die die Kosten unnötig vergrößern, sondern die Werkzeuge für genaue und möglichst billige Fertigung der Teile einrichten. Hierbei ist vor allem für Verbundwerkzeuge anzustreben, daß man übermäßigen Stahlverbrauch, der in keinem normalen Verhältnis zum Fertigungsteil steht, einschränkt. Dies ist durch Zugelemente ohne weiteres zu erreichen.

Als man die Arbeitszeit zu kürzen suchte, entstand aus den Erkenntnissen in der Produktion die Fließfertigung. Im Hinblick auf die Maschinen, die uns nach der Kriegseinwirkung noch verblieben sind, ist die Fließfertigung notwendig, um billig zu produzieren und kurze Liefertermine einhalten zu können. Bei Anwendung von Doppelwerkzeugen auf einer Presse (s. Abb. 36 u. 37) lassen sich u. U. noch Produktionssteigerungen erreichen, die auf eine andere Weise nicht möglich sind. Verbundwerkzeuge haben unbestreitbare Vorteile gegenüber den Einzelgangwerkzeugen, da sie alle ihre Arbeitsgänge in zeitgebundenen Abschnitten ausführen und nur eine Maschine in Anspruch nehmen. Natürlich muß man bei den meist großen Arbeitslängen im Blechstreifen dem Stabilisieren durch U-förmiges Biegen der Streifenbreiten in Höhe von 3 δ Rechnung tragen. Schätzt man die allgemeinen Betriebsverhältnisse richtig ein und versteht, die Belange des eigenen Unternehmens vorteilhaft zu steuern, so ist die Möglichkeit gegeben, wirtschaftlich wieder zu gesunden und bessere Lebensbedingungen zu schaffen.

B. Grundlagen für Werkzeugausführungen.

Richtlinien für das Vereinen von Einzel- in Verbundverfahren.

Unter dem Stanzereibegriff „Verbundverfahren" wird ein „Umformen" verstanden, das sich über mehrere aneinandergereihte Werkzeugorgane hinweg arbeitsgangmäßig entwickelt. Konstruktiv weichen die Werkzeugorgane von den Einzelgangwerkzeugen ab und bedürfen für ihre Anwendung näheren Verständnisses und ausführlicher Erläuterungen. Die maßgebenden Grundsätze der Teilformbildung sind:

I. Freitrennen begrenzter Teilflächen.

Das geradlinige oder bogenförmige Freitrennen von einzelnen Flächen im Verarbeitungsstreifen ist anzuwenden:

a) wenn rechteckige oder ähnliche Teilflächen im Streifen einer Formbildung unterliegen,

b) wenn runde oder ähnliche Flächenumfänge in Frage kommen, die 2 Zusammenhänge an den Streifenkanten haben müssen, um einwandfreie Hohlteile in richtiger Lage ziehen zu können (s. Abb. 1 und Abb. 2 mit Erläuterungen).

II. Formumschneiden von Teilflächen.

Formumschneiden wird in Stufen unterteilt und so vorgenommen, daß die Werkstücke an den Längsseiten des Verarbeitungsstreifens zusammenhängen:

c) wenn die Flächen im Verbundstreifen stufenweise gebogen, gestanzt oder gezogen werden müssen,

d) bei Rundellen, die nur an den Streifenkanten zusammenhängen dürfen, um das Ausstrecken des Bleches in Längsrichtung des Streifens zu verhindern (s. Abb. 3 u. 4 mit Erläuterungen).

III. Biegen von Teilflächen, die nach oben und unten gehen.

Der Biegevorgang im Verbundverfahren ist anders als bei Einzelgangwerkzeugen, weil die Biegekanten von Ober- und Unterstempel senkrecht zur Teilbiegefläche gerichtet sind und ähnlich wie beim Abscheren wirken. Die Stanzkante des Biegeeinsatzes in der Führungsleiste — auch bei beweglichen Unterstempeln — erhält keine Abrundung, sondern eine Anflächung, um die Biegegeschwindigkeit zu verringern. Gegen eine Rückfederung der Biegeflächen gibt man der Stirnfläche des Biegestempels sowie der gegenüberliegenden Schnittplatte eine Anschrägung von rd. $5 \cdots 10°$.

Zwei Biegefälle sind zu unterscheiden:

1. um eine Kante parallel zur Richtung des Streifenvorschubes
   a) für nach oben gehende Biegeflächen,
   b) für nach unten gehende Biegeflächen,
2. um rechtwinklig zum Streifenvorschub liegende Teilflächen wie
   unter a und b.

Zu 1. Ein störungsfreier Streifenvorschub wird für Winkelteile gewährleistet, wenn sich ein Streifen auf der Auflaufschräge des Biegeeinsatzes zu einer Höhe von rund 4 δ bewegt und dort geformt wird. Die Auflaufschräge ist halb so lang wie der Streifenvorschub. Damit die Winkel nicht über 90° auffedern, ist die Biegekraft: $P = 2\,\delta T_b\,p$ auf die Aufschlagfläche des Stempels von $F = 2\,\delta T_b$ dicht am Winkel zu konzentrieren (s. Skizze S. 5). Dies gilt auch bei beweglichen Unterstempeln zum Biegen von Z-Winkeln.

Zu 2. Teilflächen, die nach unten gebogen werden müssen, können bezirksweise aus dem Streifen geschert und zugleich gebogen werden. Für jeden folgenden Streifenvorschub ist in Teilungsabstand ein entsprechend großer Durchbruch in der Schnittplatte vorzusehen. Ist hierbei ein maschineller Vorschub gefährdet, dann muß zur Bedienung des Werkzeuges eine geschickte Arbeitskraft ausersehen werden (s. formbildende Arbeitsorgane).

IV. Stanzen muldenähnlicher Teilflächen.

Die Fläche wird beim Stanzen zufriedenstellend ausgeformt, wenn die Teilbiegung quer zur Walzfaserrichtung des Bleches verläuft oder schräg dazu, wenn mehrere Teilbiegungen nötig sind. Bei halbhart- oder hartgewalzten Blechen kommt es auf diese Maßnahme besonders an, um Bruch zu vermeiden. Muldenähnliche Formeinsätze, besonders waagerecht in der Schnittplatte eingelagerte, dürfen keine scharfen Übergänge zur Schnittplattenebene aufweisen, da sonst mit Vorschubstörungen gerechnet werden muß. Alle V-Werkzeuge, die mit Flächendruck arbeiten, sind mit Aufschlagleisten zu versehen, damit sie vor Bruch bewahrt bleiben. Die erforderlichen Druckkräfte ersehe man aus Tafel II.

V. Regeln für das Hohlteilziehen.

Sofern V-Werkzeuge in Betracht gezogen werden, hängt das Ziehen von Hohlteilen vom Vorhandensein geeigneter Pressen ab. Erfahrungsgemäß sind Hohlteile mit einem Scheibendurchmesser bis zu 50 mm in V-Werkzeugen herstellbar. Die Anzahl der Arbeitsstufen über einen 300 mm langen Arbeitsweg hinaus fortzusetzen, ist nicht ratsam, weil Knickgefahr besteht, selbst wenn der Blechstreifen durch Hochbiegen der Streifenkanten stabilisiert wird. Vor der Inangriffnahme eines V-Werkzeuges sind die Ziehgänge genau festzulegen. Klarheit muß auch darüber bestehen, ob die Beanspruchung des Bleches angemessen ist oder nicht. In jedem Fall ist es empfehlenswert, die Einzelstufen für das Hohlteil gesondert auszuprobieren, wenn über die Ziehvorgänge keine Erfahrungen vorliegen. Das Blechprüfverfahren nach ERICHSEN genügt nicht allein. Das 1. Ziehverhältnis beim stufenweisen Kleinerziehen von der Scheibe zum endgültigen Hohlteil sei $m = \dfrac{d}{D} = 0{,}5$ bis 0,6; für die folgenden Verkleinerungen kommt das 2. Ziehverhältnis $m_1 = \dfrac{\text{kl.} \varnothing}{\text{gr.} \varnothing} = 0{,}75 \cdots 0{,}8$ in Frage. Diese Ziehverhältnisse dürfen wegen der Zerreißgefahr für das Blech nicht überschritten werden. Einen großen Einfluß auf das Ziehen des Teiles hat der Ziehkantenhalbmesser $r = 0{,}8 \sqrt{(D-d)\delta}$ für den ersten Zug der Scheibe, für alle weiteren Kleinerzüge sei der Halbmesser $r_1 = \dfrac{D_1 - d_1}{2}$; r_1 ist auch für die Ecken am Boden des Teiles vorzusehen mit Ausnahme des letzten Zuges. Es bedeuten: $D =$ Scheibendurchmesser, $d =$ Ziehdurchmesser, $\delta =$ Blechdicke, $D_1 =$ großer Ziehdurchmesser, $d_1 =$ kleiner Ziehdurchmesser. Besteht keine Möglichkeit, durch große Anzahl der Ziehstufen den Hohlkörper ohne eine Warmbehandlung fertigzuziehen, dann ist er bis zur Warmbehandlungsstufe zu bearbeiten und darauf zu glühen. Danach wird mit einer geeigneten Zuführvorrichtung (z. B. Abb. 84a u. b) an einer passenden Presse fertiggezogen. Einzelheiten darüber siehe ,,Praktische Stanzerei'' Bd. II.

Anwendungsbeispiele der Verbundverfahren.

a) Anwendung des geradlinigen Freitrennens.

Das ,,Freitrennen'' mit anschließendem Biegen geht aus der Darstellung des Z-Winkelbockes Abb. 1 hervor. Die Arbeitsgänge für den Bock aus Messing sind in folgender Reihenfolge bei dem V-Werkzeug vorgesehen:

1. Vorschub: Abschneiden auf Länge durch beide Seitenschneider.
2. Vorschub: Vorlochen des Teiles.
3. Vorschub: Freitrennen des Z-Winkels.
4. Vorschub: Leerlauf.
5. Vorschub: 1. Winkelbiegen, nach unten.
6. Vorschub: 2. Winkelbiegen, nach oben.
7. Vorschub: Abschneiden des mittleren Teiles.

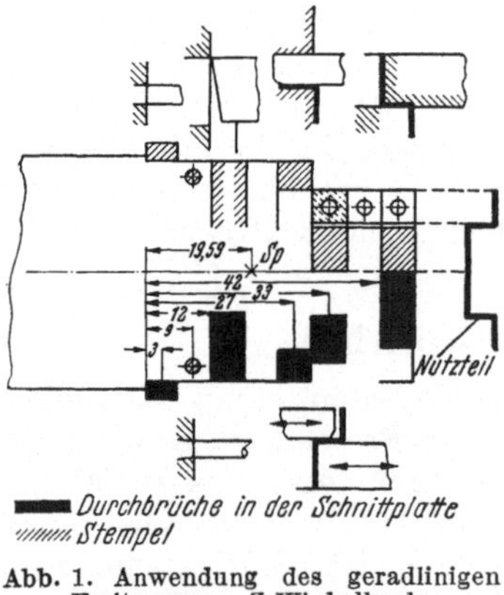

Zu beachten: Das einwandfreie Formen eines Teiles im V-Werkzeug hängt davon ab, daß die Länge durch die Seitenschneider mit einer Toleranz von $\pm 0{,}05$ mm abgeschnitten wird. Das Freitrennen zum Biegen der Schenkelflächen geschieht durch einen Schrägschliffstempel mit einer nach oben verlaufenden Schräge von $4\,\delta = 1{,}2$ mm Höhe. Die Biegestempel zum Abwärtsbiegen der beiden Schenkel sind mit $r \approx 6\,\delta = 1{,}8$ mm abgerundet. Die Biegekanten in der Schnittplatte, über

Abb. 1. Anwendung des geradlinigen Freitrennens, Z-Winkelbock.

die die Winkel nach unten gebogen werden, sind nur leicht abzurunden. Für das Aufwärtsbiegen beim 6. Vorschub erhalten die Oberstempel an ihren Stirnseiten gegen Rückfedern der Winkel eine Schräge von etwa 5° und die Unterstempel eine Anflächung der Stanzkanten von rund 38°. Keine gerundeten Stanzkanten!

Bei der vorliegenden Wirkungsweise der Stanzstempel ist die Biegekraft angenähert gleich der Abscherkraft und ergibt sich aus:

$$P\,l = \frac{b\,h^2}{6}\,\sigma_B \quad \text{oder} \quad P = \frac{0{,}166\,b\,h^2}{l}\,\sigma_B.$$

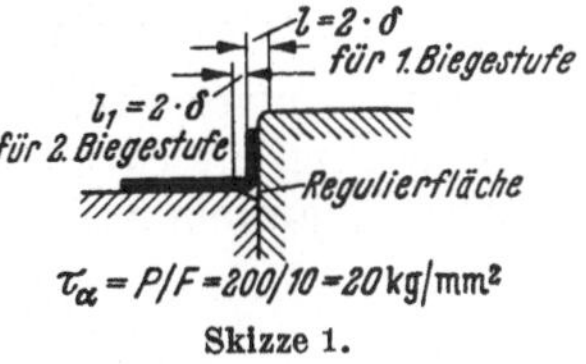

Skizze 1.

Für die 1. Biegestufe z. B. $P = \dfrac{0{,}166 \cdot 10 \cdot 1^2}{2}$ · 40 ≈ 33 kg und für die 2. Biegestufe ebenfalls 33 kg plus die Flächenpreßkraft $P_1 = l_1 T_b\, p = 2 \cdot 10 \cdot 7 = 140$ kg. Gesamtkraft $P_2 = 33 + 33 + 140 = 206$ kg. Demgegenüber ist die Abscherkraft $P_3 = T_b\,\delta\,\tau_a = 10 \cdot 1 \cdot 20 = 200$ kg, wobei T_b = Teilbreite = 10 mm, l_1 = 2 mm und σ_B = 40 kg/mm² bedeuten. Wie man aus der Rechnung sieht, ist die Abscherkraft des Schenkels gleich der Gesamtkraft P_2, die bei der unteren Totlage des Stanzstempels als Resultierende der Werkzeugkräfte auftritt.

Legt man die Abscherkraft demnach auch für das Biegen zugrunde, so erhält man einen Überblick über die Einzelkräfte:

	L	δ	F	τ_a]	P	l_a
1. Vorschub: Abschneiden durch Seitenschneider	$2(6+1)\cdot 0{,}3 = 4{,}2$			20	84	3
2. Vorschub: Vorlochen	$2\cdot 3\cdot\pi\ \cdot 0{,}3 = 5{,}65$			20	113	9
3. Vorschub: Freitrennen	$2\cdot 12\ \cdot 0{,}3 = 7{,}2$			20	144	12
4. Vorschub: Leerlauf	—	—	—	—	—	—
5. Vorschub: 1. Winkelbiegen	$2\cdot 6\ \cdot 0{,}3 = 3{,}6$			20	72	27
6. Vorschub: 2. Winkelbiegen	$2\cdot 6\ .0{,}3 = 3{,}6$			20	72	33
7. Vorschub: Abschneiden	$16\ \cdot 0{,}3 = 4{,}8$			20	96	42

Es bedeuten:

L Schnitt- bzw. Biegelänge in mm,
P Schnitt- bzw. Biegekraft in kg,
δ Blechdicke in mm,
$F = L\,\delta$ = Fläche in mm²,
l_a Einzelschwerpunktabstände in mm.

Die Gesamtkraft ergibt sich hieraus:

$P = 84 + 113 + 144 +$
$+\ 72 + 72 + 96 = 581$ kg.

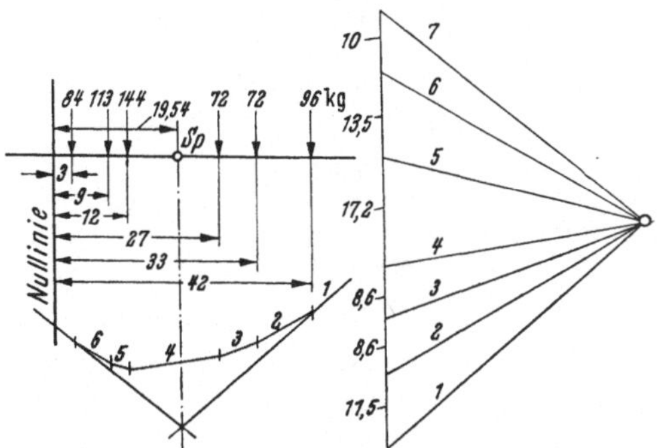

Skizze 2. Graphische Lösung für den S-Punkt.

Um Eckmomente zu vermeiden, wird der Schwerpunkt (die Lage der Resultierenden) der Kräfte an den Stanzstempeln ermittelt. Dabei werden nur die Kräfte berücksichtigt, die am Enddruck beteiligt sind; vorher auftretende Kräfte werden ausgeschaltet.

Der Abstand des Schwerpunktes von der gestrichelten Linie an den Seitenschneidern ist:

$$Sp = \frac{84\cdot3 + 113\cdot9 + 144\cdot12 + 72\cdot27 + 72\cdot33 + 96\cdot42}{84 + 113 + 144 + 72 + 72 + 96} = \frac{11349}{581} \approx 19{,}54\,\text{mm}\,.$$

Um das V-Werkzeug vor Bruch zu schützen, sind auf der Führungsplatte unbedingt Aufschlagleisten erforderlich.

b) Anwendung des kreisförmigen Freitrennens.

Kreisförmiges Freitrennen wendet man besonders bei Scheiben an, die einreihig im Streifen verarbeitet werden mit einem etwa 3 mm breiten Zusammenhang an den Streifenkanten. So werden sie zentrisch

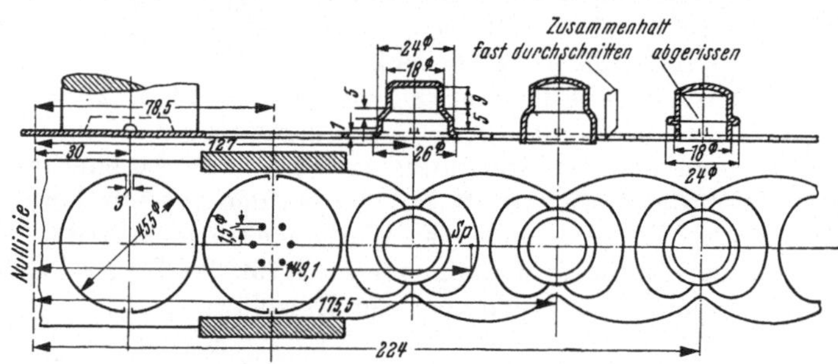

Abb. 2. Anwendung des kreisförmigen Freitrennens. Puderkapsel.

zum Ziehen vorbereitet. Die Scheiben müssen vor dem Ziehen quer zur Streifenlänge voneinander getrennt werden, weil die Blechdicke sonst ausgestreckt wird. Für die Entwicklung der Kapsel und Festlegung der einzelnen Arbeitsgänge sind folgende Ermittlungen nötig:

$$\text{Scheiben-}\varnothing : \frac{26^2\,\pi}{4} + 26\,\pi\,1 + 24\,\pi\,5 + 21\,\pi\,5 + 18\,\pi\,9 = 1663{,}58\,\text{mm}^2 : 45{,}5\,\text{mm}\,\varnothing\,.$$

Streifenbreite: $Br = T_b + 2\,R_b + 2\,Ss = 45{,}5 + 2\cdot1{,}5 + 2\cdot2 = 52{,}5\,\text{mm}.$

Es bedeuten:

Br Streifenbreite $= 52{,}5$ mm,
T_b Teilbreite $= 45{,}5$ mm,
$2\,R_b$ Randbreite $= 3$ mm,
$2\,Ss$ Seitenschneiderabschnitt $= 4$ mm.

Länge der Seitenschneiderabschnitte:

$$V_s = T_l + Zm = 45{,}5 + 3 = 48{,}5\,\text{mm Vorschub; hierin bedeuten:}$$

T_l Teillänge $= 45{,}5$ mm,
Zm Stegbreite $= 3$ mm.

Die hierbei auftretenden Kräfte sind:

Beim 1. Vorschub: Trennen der Scheibe

$$P = (D\,\pi - 2\cdot3)\,\delta\,\tau_a = (45{,}5\pi - 2\cdot3)\cdot0{,}3\cdot25 = 1026{,}5\,\text{kg},$$

Kräftemaß für das Seileck $\dfrac{1026{,}5}{50} = 20{,}5$ mm.

Beim 2. Vorschub: Es schneiden 6 Vorlocher je 1,5 mm $\varnothing$ und 2 Seitenschneider

$$P = (6\,d\,\pi + 2\,Ss + 1)\,\delta\,\tau_a = (6 \cdot 1,5\,\pi + 2 \cdot 48,5 + 1) \cdot 0,3 \cdot 25 = 954,5\,\text{kg},$$

Kräftemaß für das Seileck $\dfrac{954,5}{50} = 19,1$ mm.

Beim 3. Vorschub: 1. Ziehstufe; Stempel 23,4 mm $\varnothing$ und 17,4 mm $\varnothing$;

$$D_m = \frac{23,4 + 17,4}{2} = 20,4 \text{ mm } \varnothing.$$

Ziehkraft $P_z = D_m\,\pi\,\delta\,n\,\sigma_z = 20,4\,\pi\,0,3 \cdot 1 \cdot 35^{[1]}$ . . . . $= 672,7$ kg

Niederhalterkraft $P_n = \dfrac{\pi}{4}\,(D^2 - d^2)\,p = 0,785 \cdot (45,5^2 - 20,4^2) \cdot 0,12^{[2]} = \underline{155,8 \text{ kg}}$

$$828,5 \text{ kg}$$

Kräftemaß für das Seileck $\dfrac{828,5}{50} = 16,5$ mm.

Beim 4. Vorschub: Flächenumformen.

Boden $F = \dfrac{D^2\,\pi}{4} = \dfrac{18^2\,\pi}{4}$ . . . . $= 254,5$ mm^2

Schulter $F_1 = \dfrac{\pi}{4}\,(D^2 - d^2) = 0,785\,(24^2 - 18^2)$ . . . . $= \underline{198 \quad \text{mm}^2}$

$$452,5 \text{ mm}^2$$

Stanzkraft $P_{St} = p\,(F + F_1) = 5 \cdot 452,5 = 2262,5$ kg,

Kräftemaß für das Seileck $\dfrac{2262,5}{50} = 45,2$ mm.

Beim 5. Vorschub: Rückstoßziehen und Schulterstanzung.

Anmerkung: Das Rückstoßziehen, das vor dem Endaufschlag erfolgt, ist für die Gesamtkraft des Werkzeuges nicht zu werten, sondern nur die Kraft für die Schulterfläche, die beim Enddruck im Schwerpunkt wirkt.

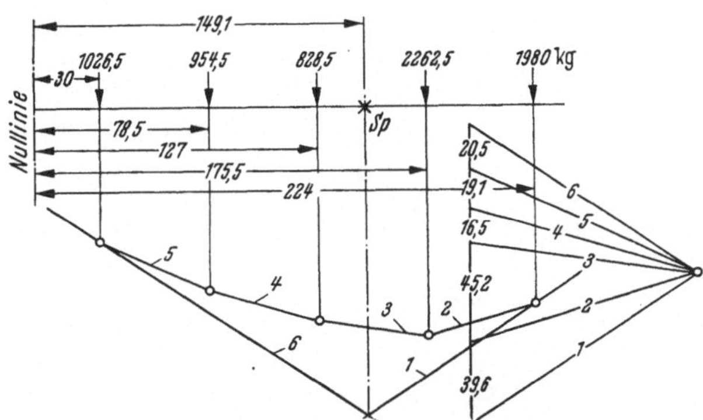

Skizze 3. Graphische Lösung für den *S*-Punkt.

Die Schulterfläche ist $F = 198$ mm^2 und erfordert eine Kraft zum Formstanzen von $P = pF = 10 \cdot 198 = 1980$ kg.

Kräftemaß für das Seileck $\dfrac{1980}{50} = 39,6$ mm.

Der gesamte Kraftbedarf für das Werkzeug ist:

$$P_g = 1026,5 + 954,5 + 828,5 + 2262,5 + 1980 = 7052 \text{ kg.}$$

---

[1] Siehe E. KACZMAREK: Praktische Stanzerei Bd. II, 3. Aufl., S. 136. Berlin, Göttingen, Heidelberg: Springer 1949.

[2] Die günstigste Flächenbelastung für einen Niederhalter bei einer Scheibe im 1. Zug ist 0,12 kg/mm^2 bei rd. 8,2% Oberflächendehnung.

Der Schwerpunkt der Werkzeugkräfte:

$$Sp = \frac{1026,5 \cdot 30 + 954,5 \cdot 78,5 + 828,5 \cdot 127 + 2262,5 \cdot 175,5 + 1980 \cdot 224}{1026,5 + 954,5 + 828,5 + 2262,5 + 1980}$$

= 149,1 mm von der Nullinie entfernt. Siehe graphische Schwerpunktbestimmung.

Die Arbeitsgänge beim Aufwärtsziehen sind:

Beim ersten Streifenvorschub ist die Scheibe bis auf zwei Stellen an den Streifenkanten frei zu trennen. Dabei schneiden beide Seitenschneider und die Vorlocher zugleich. Im zweiten Streifenvorschub wird die Scheibe mit dem Ziehverhältnis $m = \frac{d}{D} = 0,53$ von $45,5 \cdot 0,53 = 24$ mm auf $24 \cdot 0,75 = 18$ mm $\varnothing$ gestuft gezogen. Der Ziehkantenhalbmesser ist $r = 0,8 \cdot \sqrt{(D - d)\delta} = 0,8 \cdot \sqrt{(45 - 24) \cdot 0,3} = 2$ mm. Beim dritten Streifenvorschub bleiben beide gezogenen Durchmesser bestehen, der runde Ziehkantenrand, den die Vorstufe hinterlassen hat, wird zylindrisch ausgezogen; die Ziehschräge wird in eine gerundete Schulter geformt, und die beiden noch anhaftenden Randstreifen werden mit 2 keilförmigen Schnittmessern fast abgeschnitten. Der gelochte Boden wird beim Durchschneiden der Randstellen gewölbt gestanzt. Im letzten Vorschub erhält das gezogene Teil die Fertigform. Es wird in den unteren Federniederhalter hineingedrückt, vom leicht anhaftenden Streifen abgerissen und mit einer angestanzten Wulst versehen.

Zu beachten: Der Trennstempel für die runde Scheibe hat an der Stirnseite einen etwa 8 mm breiten Rand und eine 5 mm tiefe Freidrehung. In diesem Rand ist eine 3 mm große halbrunde Nut über den Stempeldurchmesser hinweg ausgeschliffen. Ein gefederter Dreileistenauswerfer, im Unterstempel in Nuten geführt, der mit dem Teildurchmesser abschließend verläuft, stößt das Fertigteil bis zur Oberfläche des Niederhalters wieder heraus.

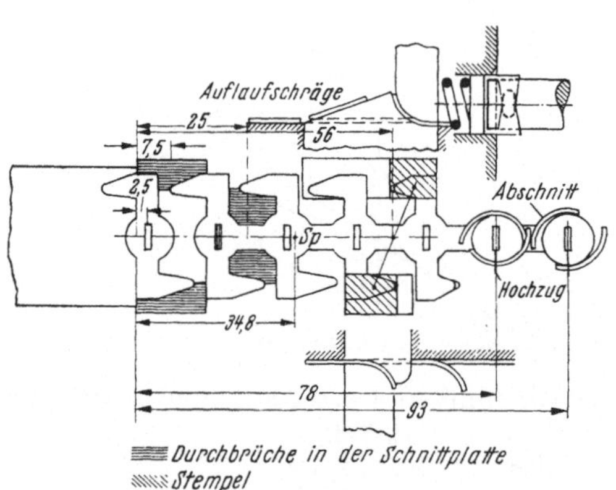

Abb. 3. Anwendung des unterteilten Formumschneidens.
Druckschalterfeder.

c) Anwendung des unterteilten Formumschneidens.

DruckschalterfederAbb. 3

Das Freimachen von Verformungsflächen im Blechstreifen wird meist bei Stanzteilen angewendet. Ein unterteiltes Formumschneiden kommt dann in Frage, wenn die Teilform im Streifen eine ungünstige Lage hat, so daß ein nicht unterteiltes Umschneiden einen zu großen Durchbruch in der Schnittplatte ergibt und Werkzeugbruch verursachen kann. Die Arbeitsgänge und die auftretenden Kräfte bei der Herstellung des Teiles sind:

	L	δ	F	τ_a	P	l_a
1. Vorschub: Abschneiden mit Seiten-schneider	$2 \cdot 38 \cdot 0,3 = 22,8$			40	912	7,5

Kräftemaß für Seileck $\dfrac{912}{40} = 22,8$ mm

	L	δ	F	τ_a	P	l_a
Vorlochen	15,6	0,3	4,7	40	188	2,5

für Seileck $\dfrac{188}{40} = 4,7$ mm

	L	δ	F	τ_a	P	l_a
2. Vorschub: Zwischenschneiden	$2 \cdot 30$	0,3	18,0	40	720	25

für Seileck $\dfrac{720}{40} = 18$ mm.

3. Vorschub: Leerlauf.

	L	δ	F	τ_a	P	l_a
4. Vorschub: Formstanzen		0,3	80	$\overset{\sigma_d}{20}$	1600	56

für Seileck $\dfrac{1600}{40} = 40$ mm.

5. Vorschub: Leerlauf.

	L	δ	F	τ_a	P	l_a
6. Vorschub: Hochzug	3	0,3	~ 1	$\overset{\sigma_b}{40}$	40	78

für Seileck $\dfrac{40}{40} = 1$ mm.

	L	δ	F	τ_a	P	l_a
7. Vorschub: Abschneiden des Teils	3	0,3	~ 1	$\overset{\tau_a}{40}$	40	93

für Seileck $\dfrac{40}{40} = 1$ mm.

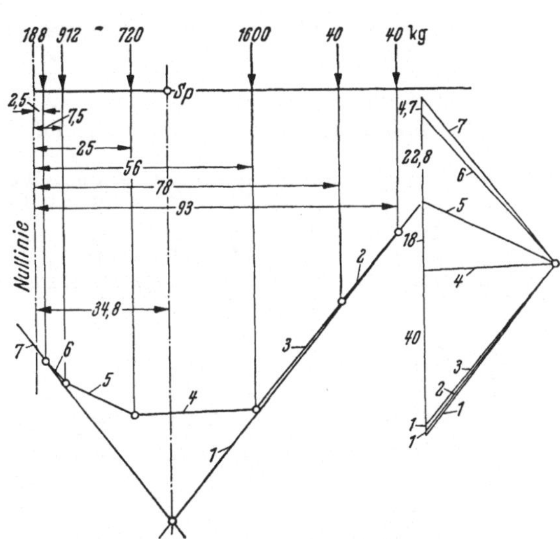

Skizze 4. Graphische Lösung für den S-Punkt.

Es bedeuten:

L Schnittlänge in mm,
δ Blechdicke in mm,
$F = L\,\delta =$ Fläche in mm²,
P Schnitt- bzw. Stanzkräfte in kg,

l_a Einzel-Schwerpunktabstände in mm,
τ_a 40 kg/mm² für Ms hartblank,
σ_d 20 kg/mm² für Ms hartblank.

Die Gesamtkraft ist:

$$P = 912 + 188 + 720 + 1600 + 40 + 40 = 3500 \text{ kg.}$$

Der Schwerpunktabstand vom 1. Seitenschneider aus gemessen ist:

$$Sp = \frac{912 \cdot 7{,}5 + 188 \cdot 2{,}5 + 720 \cdot 25 + 1600 \cdot 56 + 40 \cdot 78 + 40 \cdot 93}{912 + 188 + 720 + 1600 + 40 + 40} = 34{,}8 \, \text{mm}.$$

Zu beachten: Bei allen Biegeteilen, deren Biegekanten in Vorschubrichtung des Blechstreifens verlaufen, muß die Walzfaser quer zur Streifenlänge liegen, wenn größerer Arbeitsausschuß vermieden werden soll. Das Umschneiden einer Fläche ist so vorzunehmen, daß die Durchbrüche in der Schnittplatte keinen Werkzeugbruch veranlassen. Verbindungsstege zwischen zwei Durchbrüchen in der Schnittplatte sollen wegen der Härtebruchgefahr mindestens 5 mm dick sein und möglichst gerundete Ecken haben. Die Hubeinstellung des Stößels richtet sich nach der Ausformung der Kontaktfeder — siehe Arbeitsgang 4. Die Druckkraft der Presse wird durch allmähliches Nachstellen der Stößelspindel eingestellt, bis die gewünschte Federform erreicht ist. Zumindest ist die Presse nach rechnerisch ermittelter Kraft[1] einzustellen. Eine gute Lebensdauer des Werkzeuges ist zu erreichen, wenn alle Schnittstempel längs des Arbeitsbereichs um $0{,}9\,\delta$ schräg geschliffen werden. (Vgl. S. 34 und Abb. 25). Diese Schräge ist für die Lage des Kraftangriffes wichtig. Der höchste Punkt des Schrägschliffes liegt zu den Seitenschneidern hin.

d) Anwendung eines nicht unterteilten Formumschneidens.

Kappe für Injektionsspritze Abb. 4.

Das Formumschneiden ist bei runden Scheiben, aus denen Hohlteile gezogen werden sollen, notwendig, um die Blechdicke in Richtung

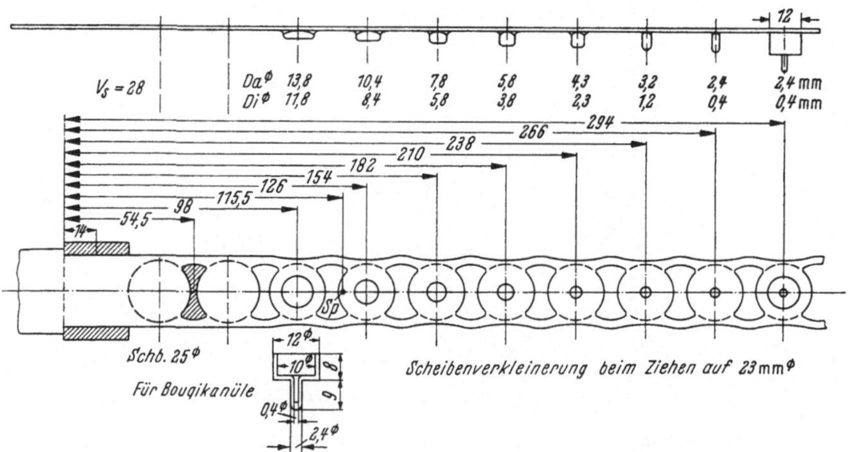

Abb. 4. Anwendung des Formumschneidens. Kappe für Injektionsspritze.

der Streifenlänge während des Ziehvorganges nicht ausstrecken zu lassen. Dies Formumschneiden ist hier mit gestuftem Abwärtsziehen des Hohl-

[1] KACZMAREK, E.: Praktische Stanzerei Bd. I, 3. Aufl. S. 84, Abb. 133. Berlin, Göttingen, Heidelberg: Springer 1949.

teils Abb. 4 verbunden. Da der Innendurchmesser von 0,4 mm keinen Ziehstempel mehr zuläßt, müssen die Durchmesser mit Rückstoßverkleinerungen erreicht werden. Die Arbeitsgänge und die auftretenden Kräfte sind:

		L	δ	F	P	l_a
					kg	mm
1. Streifenvorschub:	Abschneiden durch Seitenschneider	$61,6 \cdot 1$		61,6	1848	14
2. Streifenvorschub:	Formumschneider	$70 \cdot 1$		70	2100	54,5
3. Streifenvorschub:	Leerlauf.					

		$d\,\pi$	δ	$n\,[1]$	$\sigma_{zul} = P_z$	
4. Streifenvorschub:	1. Zieh-$\varnothing$	13,8	1	1	35	1516,3	98
5. Streifenvorschub:	2. Zieh-$\varnothing$	10,4	1	0,5	35	571,7	126
6. Streifenvorschub:	3. Zieh-$\varnothing$	7,8	1	0,5	35	428,8	154
7.[2] Streifenvorschub:	4. Zieh-$\varnothing$	5,8	1	0,5	35	318,9	182
8. Streifenvorschub:	5. Zieh-$\varnothing$	4,3	1	0,5	35	236,4	210
9. Streifenvorschub:	6. Zieh-$\varnothing$	3,2	1	0,5	35	175,9	238
10. Streifenvorschub:	7. Zieh-$\varnothing$	2,4	1	0,5	35	135,0	266
11. Streifenvorschub:	8. Zieh-$\varnothing$	12	1	1	35	1319,5	294

Es bedeuten:

L Schnittlängen in mm,
δ Blechdicke in mm,
F Schnittfläche in mm²,
P Schnittkraft in kg,
P_z Ziehkraft in kg,
l_a Schwerpunktabstände in mm,
τ_a 30 kg/mm²,
σ_z 35 kg/mm²,
n Berichtigungsbeiwert, abhängig vom Ziehverhältnis $m = \dfrac{d}{D}$.

Die Gesamtkraft ist:

$$P + P_z = 1848 + 2100 + 1516,3 + 571,7 + 428,8 + 318,9 + 236,4$$
$$+ 175,9 + 135 + 1319,5 = 8650,5 \text{ kg},$$

und der Schwerpunktabstand von der punktierten Linie des Seitenschneiders gemessen:

$$Sp = \frac{1848 \cdot 14 + 2100 \cdot 54,5 + 1516,3 \cdot 98 + 571,7 \cdot 126 + 428,8 \cdot 154 + 318,9 \cdot 182 +}{1848 + 2100 + 1516,3 + 571,7 + 428,8 + 318,9 +}$$
$$\frac{+ 236,4 \cdot 210 + 175,9 \cdot 238 + 135 \cdot 266 + 1319,5 \cdot 294}{+ 236,4 + 175,9 + 135 + 1319,5} = 115,5 \text{ mm}.$$

Zu beachten: Für die Ermittlung des Scheibendurchmessers sind zunächst alle waagerecht liegenden Teilflächen in eine Ebene gelegt zu denken. Daraus ergibt sich eine Vollscheibe mit 2 Zylindermänteln, die einen Flächeninhalt haben von $F = \dfrac{12^2\,\pi}{4} + 72\,\pi\,8 + 2,4\,\pi\,9$ $= 490$ mm², entsprechend 25 mm $\varnothing$. Bei einem Ziehverhältnis für den 1. Zug $m = \dfrac{d}{D} = 0,5 \ldots 0,6\,(25 \cdot 0,55 = 13,8$ mm $\varnothing)$ und für die fol-

---

[1] Siehe E. Kaczmarek: Praktische Stanzerei Bd. II 3. Aufl., S. 136. Berlin, Göttingen, Heidelberg: Springer 1949.
[2] Vom 4. bis 7. Zieh-$\varnothing$ sind es Rückstoßverkleinerungen.

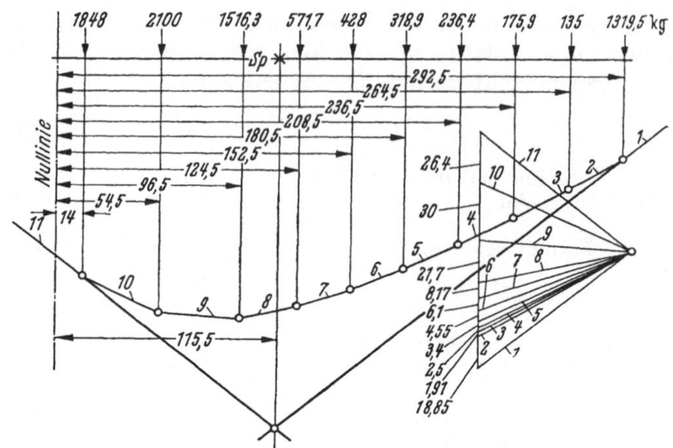

Skizze 5. Graphische Lösung für den S-Punkt.

genden $m_1 = \dfrac{\text{kl.}\varnothing}{\text{gr.}\varnothing} = 0{,}75 \ldots 0{,}8\,(13{,}8 \cdot 0{,}75 \approx 10{,}4\,\text{mm}\ \varnothing)$ kommen[1] folgende Ziehdurchmesser zustande:

Arbeitsgänge:

Schb.-$\varnothing$	1	2	3	4	5	6	7	8
25 mm	25/13,8	13,8/10,4	10,4/7,8	7,8/5,8	5,8/4,3	4,3/3,2	3,2/2,4	23/12

Für die 8. Ziehstufe ist die Durchmesserverkleinerung der 25 mm großen Scheibe zu ermitteln, um festzustellen, ob in einem Arbeitsgang auf 12 mm $\varnothing$ gezogen werden kann. Durch das Ziehen des kleinen Mantels von 2,4 mm $\varnothing$ verlor die Scheibe 68 mm² Fläche; demnach behielt sie $490 - 68 = 422$ mm², entsprechend 23 mm $\varnothing$. Dieser Durchmesser ist mit einem Ziehverhältnis $m = \dfrac{d}{D} = \dfrac{12}{23} = 0{,}52$ notfalls noch auf 12 mm $\varnothing$ zu ziehen.

Aus dem Vorangegangenen ist zu erkennen, daß die Breite der Einschnürungen 23 mm $+ 2\,R_b$ beträgt (R_b = gewählte Randbreite des Streifens). Aus dem Flächeninhalt des kleinen Zylindermantels von 2,4 mm $\varnothing$ und 9 mm Höhe $F = 2{,}4\,\pi\,9$ ergibt sich die Höhe für die einzelnen Ziehstufen. Für die 1. Ziehstufe mit 13,8 mm $\varnothing$ ist $h_1 = \dfrac{68}{13{,}8\,\pi} = 1{,}6$ mm. Entsprechend:

Höhe	h_1	h_2	h_3	h_4	h_5	h_6	h_7
mm	1,6	2,08	2,8	3,72	5,04	6,8	9

Der 1. Zug erhält einen Federniederhalter, der 7. Zug einen Messerschnitt-Trenner, der den Halt der Scheibe an den Streifenkanten fast durchschert. Die ersten sieben Züge erhalten Auswerfer. Beim 8. Zug wird das Teil vom Streifen abgerissen, fertiggezogen und wandert

[1] Siehe E. KACZMAREK: Prakt. Stanzerei Bd. I, 3. Aufl. S. 147. Berlin, Göttingen, Heidelberg: Springer 1949.

nach unten in den Sammelkasten. Großen Wert hat man auf die Ausführung der Ziehkantenhalbmesser zu legen, die rissefrei poliert werden müssen. Der Ziehhalbmesser ist für den

$$1.\ \text{Zug:}\quad r = 0,8\ \sqrt{(25 - 13,8)\,1} = 2,7\ \text{mm},$$

$$2.\ \text{Zug:}\quad r_1 = \frac{D - d}{2} = \frac{13,8 - 10,4}{2} = 1,7\ \text{mm},$$

$$3.\ \text{Zug:}\quad r_2 = \frac{10,4 - 7,8}{2} = 1,3\ \text{mm usf.}$$

C. Formbildende Werkzeugorgane.

Erkennbare Merkmale.

Unter der Bezeichnung „formbildende Werkzeugorgane" versteht man das Zusammenwirken bei einem Arbeitsgang von zwei oder mehreren Werkzeugeinzelteilen, die direkt oder indirekt vom Stempelkopf bewegt werden. Manche sind zum Biegen, Stanzen u. dgl. in der Schnittplatte fest eingesetzt, andere treten als bewegliche Unterstempel auf, bei denen zusätzlich Hilfselemente an den Führungsplatten eine Verwendung finden. Bei den Ausführungen der Werkzeugorgane gibt es Mittel, um den Verbrauch an wertvollem Werkzeugstahl und vor allem einen unförmigen Werkzeugaufbau einzuschränken. Dies sind Zugelemente, die man von einer innerhalb oder außerhalb des Werkzeuges gewählten Stelle steuern und nötigenfalls unter Hilfsdruck setzen kann.

Zusammenwirkende Formbauteile.

a) Winkelbiegeeinsatz mit Auflaufschräge und Stanzstempel; Trennbiegestempel (Abb. 5).

Zu beachten: Ein Biegeeinsatz mit Auflaufschräge, die halb so lang ist wie der Streifenvorschub, ist nötig für einen ungestörten Streifentransport im V-Werkzeug und das Winkelbiegen in Richtung der Streifenlänge. Damit der Biegeeinsatz in der Schnittplatte festsitzt, hat er zwei schräge Flächen im Winkel von rund 3°. Aus der Schnittplatte steht der Biegeeinsatz etwa 4δ (δ = Blechdicke) weit heraus. Er darf keine runde Stanzkante, über die der Schenkel des Teiles gebogen wird, haben, sondern

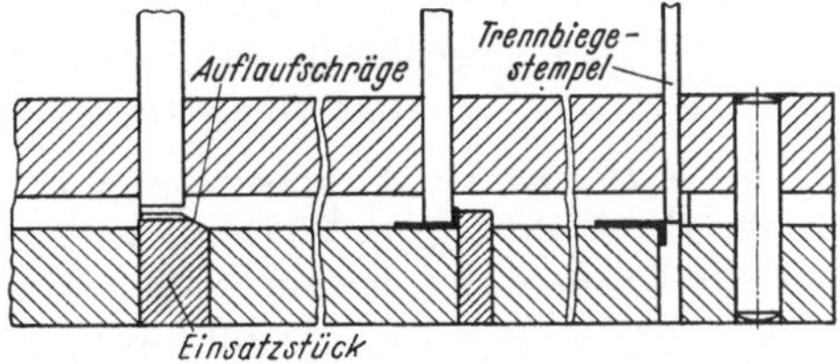

Abb. 5. Winkelbiegeeinsatz mit Auflageschräge und Stanzstempel, Trennbiegestempel.

eine Stanzschräge von 38°, die die Biegegeschwindigkeit herabsetzt. Die Stirnfläche des Oberstempels verläuft im Winkel von etwa 85°, um ein Auffedern der Biegeschenkel über 90° zu verhindern.

Freitrennen und Biegen (Trennbiegen) wird dann in einem Blechstreifen vereint, wenn es sich um kurze Biegeschenkel handelt, deren hochstehende Ecken möglichst abgerundet sein sollen. Dabei ist die Gefahr des Streifenverfangens besonders dann groß, wenn nach dem Trennbiegen noch mehrere Arbeitsgänge folgen. In dem Fall müssen federnde Stifte, die die Streifen schwebend zu halten haben, vorgesehen werden, um das Streifenverfangen zu vermeiden. Bleiben beispielsweise die nach unten gebogenen Winkelschenkel bis zu ihrer Fertigform in unveränderter Lage, so ist für das Werkzeug eine geschickte bedienende Hand erforderlich.

b) Gegenläufige Unter- und Oberstempel, durch Stoßstange und Hebel gesteuert (Abb. 6).

Zu beachten: Gegenläufige Biegestempel für Winkel von 90° in Richtung der Streifenlänge und -breite sind bei nicht zu großen Stempelwegen anzuwenden. In Abbildung 6 erfolgt das Winkeln durch eine Stoßstange, die im Stempelknopf befestigt ist, in Verbindung mit einem waagerecht pendelnden Doppelhebel und daran angelenktem Biegestempel (Unterstempel). Nach der Hublänge des Unterstempels müssen die Längen der Hebelarme festgelegt werden. Die Gelenkbolzen sind auf Abscheren zu berechnen und nicht nach dem Gefühl zu bemessen. Blauharte Bolzen lassen kleinere Bolzenquerschnitte zu. Wichtig ist noch, daß die Stoßstange über der Führungsplatte geteilt und an der Trennstelle mit einem Kupplungsstift versehen ist, damit vor dem Scharfschleifen der Schnittstempel das Ober- von dem Unterwerkzeug abgehoben werden kann (s. Abb. 43 oben rechts).

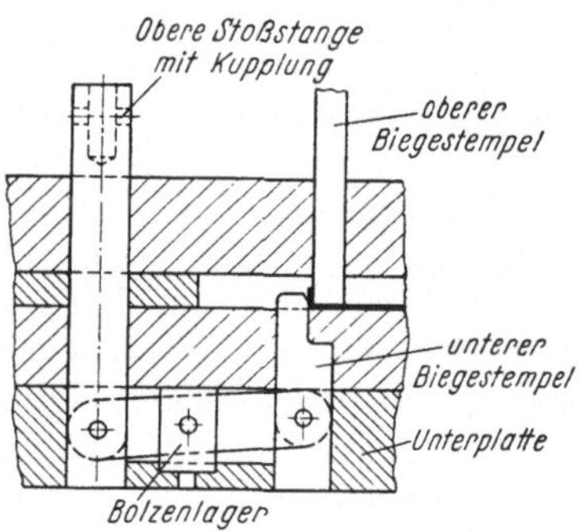

Abb. 6.
Gegenläufige Unter- und Oberstempel durch Stoßstange und Hebel gesteuert.

c) Gegenläufige Unter- und Gelenkoberstempel mit Hebelsteuerung (Abb. 7).

Zu beachten: Im 1. Arbeitsgang ist das Umformen mit einer teilweisen Rückbildung der Wölbung verbunden, die durch den Niederhalter und Federauswerfer hervorgerufen wird. Da dies umgekehrte Nachbiegen die entstandenen Spannungen aufhebt, wird eine Rückfederung am Knick der Wölbung vermieden.

Der Stanzstempel (d) drückt mit seiner Verlängerung (f) den Federzylinder (c) in die tiefste Stellung. Damit preßt er durch die innere Feder den Auswerfer (e) auf den Boden des Federgehäuses. In diesem Augenblick wird die waagerecht liegende Halbkreisform des Teiles gestanzt. Von der Schnittplattenebene steht der Auswerfer etwa $0{,}8\,r$

($r =$ Halbmesser der Halbkreisform) zurück. Beim Aufwärtsgang des Stanzstempels folgt der Federzylinder (c) dem Stempel bis zum Kopfabsatz des Auswerfers (e). Das Auge des Stanzstempels hat dabei einen Weg von $3\,r$ zurückgelegt und befindet sich über dem Biegebereich der Halbkreisform des Teiles. Nun wird die Teilform durch die Federkraft mit dem Auswerfer nach oben gebogen. Siehe die Darstellung bei (e) (höchster Auswerferstand, daneben die tiefste Stellung). Empfehlenswert ist eine Feder mit Rechts-, die andere mit Linkssteigung, damit sie sich bei ihren Auf- und Abwärtsbewegungen nicht gegenseitig verklemmen können.

Das Biegen beim Arbeitsgang 2 weicht von Abb. 7a nur darin ab, daß hier die Halbkreisform bevorzugt ist. Die zusammenwirkenden Formbauteile des Werkzeuges nach Abb. 7 eignen sich zum Biegen

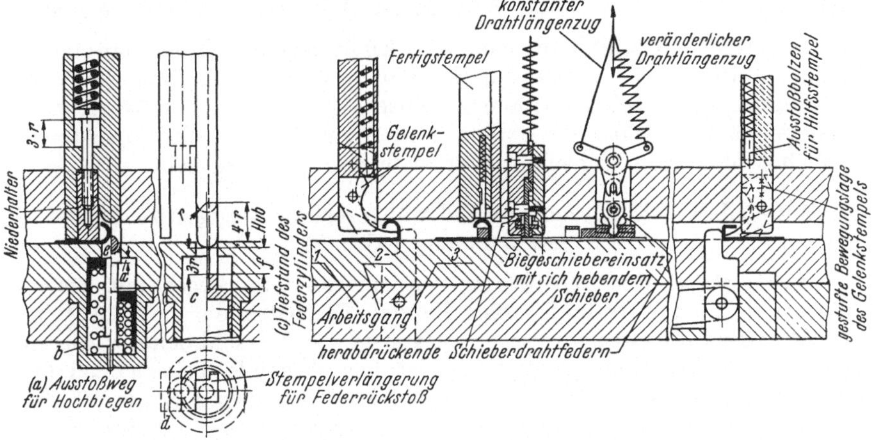

Abb. 7. Gegenläufige Unter- und Gelenkoberstempel mit Hebelsteuerung.

eines liegenden scharfkantigen U-Profiles. Für den 3. Arbeitsgang zur Herstellung der Fertigform ist in der Führungsplatte von unten nach oben ein zweiteiliger Einsatz mit Festsitz eingepaßt. In dem Einsatz sind der Biegeschieber und die 2 Drahtfedern, die sich zu beiden Seiten des Doppelarmhebels befinden, sowie der Drahtzughebel mit seinem Schraubenfederrückzug untergebracht. Das 0,5 mm große Spiel des Biegeschiebers über der Biegefläche berücksichtigt die Plustoleranz des Blechstreifens und beugt einem etwaigen Festklemmen an dieser Stelle vor. In diesem aus zwei Teilen zusammengeschraubten Schiebereinsatz pendelt ein dreiarmiger Hebel, der vom Stempelkopf mit Zugdraht und Schraubenfeder betätigt wird und seine Bewegung weitergibt an den Biegeschieber und den Doppelarmhebel, der mit ihm im Eingriff steht. Zwei Arten von Zugkräften sind zu unterscheiden, feste Züge aus Stahldraht und elastische aus Schrauben- oder Blattfedern. Man achte stets darauf, die Federkräfte nur für Schaltbewegungen und die festen Züge nur für Arbeitskräfte, die die Werkzeugorgane leisten müssen, zu benutzen. Beide Enden der Zugelemente können zugleich oder jedes für sich bewegt werden, stets sind die Kräfte im Gleichgewicht. Die Maße von Zugdrähten oder -bändern werden nach Ermitteln der Leerlaufbewegungen und der Kräfte festgelegt. Werden beide Enden des Zugelementes, Zugdraht und -feder, vom Stempelkopf gleichzeitig bewegt, dann muß für die Zugfeder der zweifache Auszug vorgesehen werden. Das ist bei einem Zugelement mit feststehendem Ende nicht der Fall. Bei vorliegendem Beispiel ist der Stempelhub 8 mm, der Federauszug $2 \cdot 8 = 16$ mm. Wird der Arbeitsdruck für den Biegeschieber mit seiner Innenfläche $F = 3 \cdot 5 \cdot 4 = 60$ mm² zu $p = 0,5$ kg je mm² angenommen, so ist $P = 30$ kg. Nach Tafel IV kommt ein Zugdraht von $0,5 \cdots 0,63$ mm $\varnothing$ in Frage, bei der Stahlfeder für 16 mm Auszug (bei $0,2\,P$ für Leerlauf des Schiebers) ein Windungshalbmesser von $r = 6,25$ mm und die Anzahl der federnden Windungen von $n_1 = \dfrac{16 \cdot 15}{10} = 24$. Diese Windungszahl ist nötig, damit die Feder in ihrer Kraftwirkung nicht nachläßt. Einen Keiltrieb wird man dieser Konstruktion nicht vorziehen, da dann der große Aufbau die Verwendungsmöglichkeit an jedem gewünschten Platz für den Werkzeugstempelbereich nicht mehr zuläßt. Außerdem ist ein Keiltrieb zu teuer und hat nicht den Vorteil, daß er auch den Schieber hebt.

d) Gefederte Biegegegenlage und waagerechter Biegeschwenkhebel mit Drahtzug (Abb. 8).

Zu beachten: Der Arbeitsgang 1 entspricht dem Biegen mit Biegeeinsatz und einer Auflaufschräge für den Blechstreifen wie in Abb. 5. In Abb. 8 wird das quadratische Biegen in drei Vorschüben des Blechstreifens durchgeführt. Dabei hat der hochstehende Teilschenkel (a) in Pos. 1 drei Seitenlängen des Quadrates. An dieser Stelle ist die Führungsplatte auf Vorschublänge 4 mm tief ausgefräst, um eine Höhe von 13 mm von der Schnittplatte aus gemessen zu schaffen. Der Durchlaß im Werkzeug für den Blechstreifen ist mit 9 mm Höhe als Kleinstmaß festgelegt. Die Führungsplatte erhielt eine Ausfräsung entsprechend der Dicke und dem Schwenkbereich des Hebels (b). Biegehebel (b) und Zughebel (e) werden auf der Achse mit Nasenkeilen befestigt. Die Biegekante (c) des Biegehebels muß mit einer Schräge von $38°$ auf der ganzen Breite des Teiles zugleich angreifen, um den Winkel nicht schief zu biegen. Biege- und Zughebel $(e$ und $b)$ haben gleich lange Hebelarme. Das Teil aus Messingblech 8 mm breit und 0,3 mm dick wird U-förmig gebogen durch den Hebel (e), der über der Führungsplatte von dem Drahtzug (f) und von dem unteren (f_1) für den Rückzug bewegt wird. Die Biegekraft, die der Abscherkraft des Winkelschenkels fast gleichzusetzen ist, ergibt sich zu: $P = pF = 40 \cdot 8 \cdot 0,3 = 96$ kg. Dafür kommt nach Tafel IV ein Zugdraht von 1 mm $\varnothing$ oder ein Stahlband von $2,5 \cdot 0,3$ mm in Frage. Die Durchlaßhöhe im Werkzeug ist 9 mm = Stempelhub, die Pendelbewegung des Biegeschwenkhebels 16 mm, das Übersetzungsverhältnis der Zugrollen

Stempelhub zu Schwenkbewegung

9 mm : 16 mm = 1 : 1,77.

Wählt man den kleinen Rollen-Halbmesser zu $r = 10$ mm, so ergibt sich ein $R = 10 \cdot 1{,}77 = 17{,}7$ mm; für die große Zugrolle siehe Näheres unter Zugelemente. Die Stoßstange (k), die sich am Stempelkopf befindet, bewegt durch Stahlbandzug die kleine und große Zugrolle und den Biegeschwenkhebel. Um einen leichteren Streifendurchgang unter der Gegenlage (g) des Biegeschwenkhebels zu gewährleisten, ist die Biegegegenlage an der Führungsplatte abgefedert. Der Absatz (h) der Biegegegenlage hat eine Höhe gleich der lichten Weite des Kästchens, aber die doppelte Breite. An der hinteren Seite hat der Absatz eine Ausklinkung entsprechend einer Teilbreite, damit hinter dem Vorschub

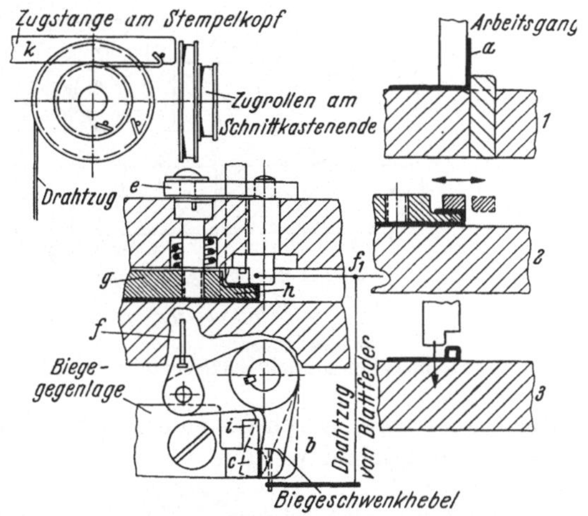

Abb. 8. Gefederte Biegegegenlage und waagerechter Biegeschwenkhebel mit Drahtzug.

für waagerechtes Biegen durch den Schwenkhebel das senkrechte Biegen mit dem Stanzhebel erfolgen kann. Siehe Arbeitsgang 3 an der Ausklinkstelle (i). Bei dem folgenden Streifenvorschub schiebt sich das fertiggeformte Kästchen von der Gegenlage ab.

e) Rollbiegeeinsatz mit senkrechtem Schwenkhebel, Stoß- und Rollstempel oben (Abb. 9).

Zu beachten: Der in der Schnittplatte unten erforderliche Vorformeinsatz (Pos. 1) hat die notwendige Auflaufschräge und an seiner Außenkante eine größere Abrundung, die bei der Formgebung des Teiles eine Knickbildung vermeidet. Darüber in der Führungsplatte ist ein fest eingedrückter Gabelbolzen mit verstiftetem Distanzstück vorgesehen, der den schwenkenden Vorformstempel aufnimmt. Das Distanzstück verhindert ein Zusammendrücken des Gabelbolzens. In der Anfangsstellung steht der Schwenkhebel zum Vorformen des Kästchens in einer Ebene mit der Unterfläche der Führungsplatte und bietet kein Hindernis für den Streifentransport. Bewegt wird der Hebel durch einen Stoßstempel und einen 0,4 mm Zugdraht von einer außerhalb des Werkzeuges befestigten Blattfeder. Vorteilhaft ist bei der Hebelbewegung, daß der Zugdraht nur die Bewegung vorbereitet, der Stoßstempel hingegen die Verformkraft ausübt und den Zugdraht entlastet. Ebenso ist es im 2. Arbeitsgang: Hier ist der Biegeeinsatz mit 38° Schräge wichtig. Durch die Schräge wird die Biegegeschwindigkeit herabgesetzt und ein zu tiefes Eindringen des Schwenkstempels in den Blechstreifen verhindert. Daher tritt hierbei selten ein Arbeitsausschuß auf. Das Fertigrollen des Gelenkauges erfolgt durch einen Hohlstempel, der an beiden Seiten abgeschrägt und auf Länge abgestimmt ist, das

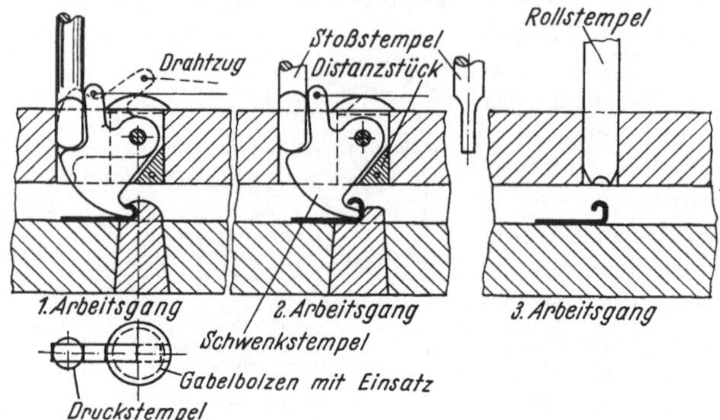

Abb. 9. Rollbiegeeinsatz mit senkrechtem Schwenkhebel, oberen Stoß- und Rollstempel.

Blech aber nicht durchschneidet, wenn bei einem Werkzeug Aufschlagleisten vorgesehen werden.

f) Rollzange mit Spreizstempel, Draht-, Schrauben- und Blattfederzug (Abb. 10).

Zu beachten: Die Anwendung einer Rollzange zur Herstellung von Gelenkaugen hat gegenüber dem sonst bevorzugten Rollen mit einem Keiltrieb den Vorteil, daß der unförmige Werkzeugaufbau wesentlich verkleinert wird und Material und Arbeitslöhne gespart werden. Mit dieser Zangenausführung sind Bleche bis zu 0,8 mm Dicke und 10 mm Breite einzurollen. Für größere Blechdicken ist die Ausführung nach

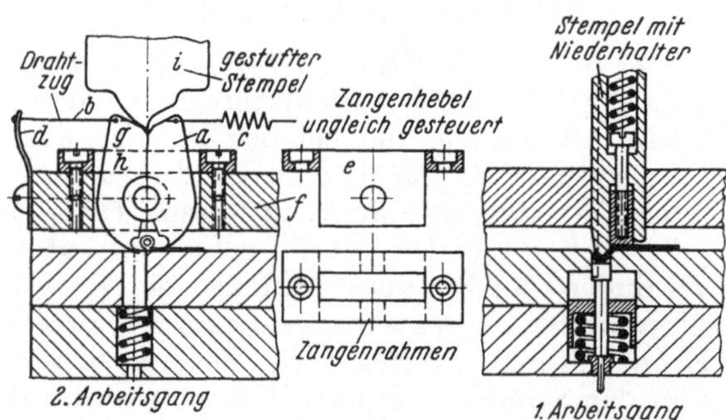

Abb. 10. Rollzange mit Spreizstempel, Draht-, Schrauben- und Blattfederzug.

Abb. 9 und für besonders starke Teile die Keiltriebausführung zu bevorzugen. Über den Kraftbedarf beim Rollen der Gelenkaugen sind die Zahlenwerte aus der Tafel II und für die Betätigung der Zangenhälften (*a*) durch Stahldrahtzüge (*b*), Schrauben- (*c*) und Blattfedern (*d*) aus Tafel IV zu entnehmen. Diese Tafeln sind als Konstruktionsunterlagen zu betrachten. Abb. 10 zeigt, wie die Rollzange in ihren Rahmen (*b*) eingesetzt und mit der Führungsplatte (*f*) verschraubt ist. Beide Zangenschenkel haben je einen Einhängestift (*g*) zur Befestigung der Zugdrähte. Der eine Draht geht von der Blattfeder (*d*) zu dem innenliegenden Zangenschenkel (*a*), der andere von der Schraubenfeder (*c*), die sich auf Werkzeugmitte befindet, zu den beiden außenliegenden Zangenschenkeln (*h*). Beide Zugkräfte müssen im Gleichgewicht sein, damit keine einseitige Abnutzung der Arbeitsflächen bei den Zangen und fehlerhaftes Bilden der Gelenkaugen eintreten. Daher beginnt man mit dem Einsetzen der Zugdrähte, deren Ösenabstände gleich den Abständen der Einhängestifte von den Zangenschenkeln sein müssen, ohne die Schraubenfeder erheblich auszuziehen. Die Zugdrähte, die zu den Blattfedern führen, setze man so ein, daß zuerst die an einem Ende des Zugdrahtes befindliche Öse an dem einen Zangenschenkel eingehängt, dann das andere Drahtende durch das Loch der Blattfeder gezogen und in straffer Haltung eingewickelt wird. Der kurze Drahtwinkel ruht senkrecht auf der Blattoberfläche (s. Abb. 28). Der Spreizstempel (*i*) hat auf Mitte Keilfläche eine einseitige Abstufung, die nach dem Voreilen des ersten Zangenhebels zum Vorrollen des Teilauges für die gemeinsame Bewegung mit dem zweiten Hebel zum Fertigrollen vorgesehen ist. Sofern Blatt- und Schraubenfeder nur die Reibungskräfte bei der Bewegung zu überwinden haben, sind sie für 20% der Hauptkraft zu bemessen.

Beispiel: Für das Gelenkauge $d_i = 0{,}5$ mm, $\delta = 0{,}25$ mm, $T_b = 5$ mm Rollweg 5 mm, Werkstoff: Messingblech ist die Rollkraft:

$$P = \underbrace{(d_i + 2\,\delta)\, T_b}_{\text{Flächenprojektion}} p = (0{,}5 + 2 \cdot 0{,}25)\, 5 \cdot 7 = 35 \text{ kg}.$$

Bei Verwendung von zwei Zangen und einem Hebelarmverhältnis der Rollzange von $1:1{,}5$ ist die Hauptkraft $P_1 = 35\,\dfrac{1}{1{,}5} \approx 23{,}5$ kg; die Belastung für Schraubenfeder und Zugdraht ist $0{,}2\,P_1 = 0{,}2 \cdot 23{,}5 = 4{,}7$ kg. Der Zugweg für den Zangenschenkel ist 7,5 mm. Nach Tafel IV ist für 4,7 kg Zugkraft ein Draht von 0,3 mm $\varnothing$ nötig. Für die Blattfeder mit einem Federweg von 7,5 mm ist nach den Gleichungen auf Seite 37 eine Dicke von 1 mm, eine Länge von 21 mm und 10 mm Breite zu berechnen. Für die Schraubenfeder mit einem Federungsweg von $2 \cdot 7{,}5 = 15$ mm bei 4,7 kg ist eine Feder von $r = 6{,}25$ mm, $d = 2$ mm Durchmesser und $n_1 = \dfrac{15 \cdot 15}{10} = 23$ Windungen, und für

$$f = \frac{P\,r^3\,n}{d^4\,c} = \frac{4{,}7 \cdot 6{,}25^3 \cdot 23}{2^4 \cdot 120} = \frac{\sim 28\,890}{1926} = 15 \text{ mm} \quad (\text{Auszug})$$

vorzusehen.

g) Schränkorgan mit waagerechter Drallachse und kurvengesteuerter Drahtzugrolle (Abb. 11).

Zu beachten: Das Schränken für elektrische Anschlüsse (Abb. 11) (Lötösen *a*) ist neu und führte dazu, diese Massenteile im Blechstreifen völlig fertig herzustellen. Das Schränksystem besteht aus 4 Teilen:

1. Systemkörper (*b*), auf der Werkzeugunterplatte aufgeschraubt,
2. Kurvenblechrohr (*c*), fest in „1" verstiftet,
3. Drallachse (*d*) mit Kurvenstift (*h*),
4. Drahtzugrolle (*e*) mit Langnut (*f*) innen und Laufrille (*g*) außen.

Zu beachten: Das Kurvenblechrohr (*c*) ist mit Festsitz in den Systemkörper (*b*) hineingedrückt und verstiftet und hat eine solche Abwicklung, daß sich beim Rollen des Rohres die 45°-Kurve ergibt, die die Drallachse (*d*) steuert. Dabei müssen die Stoßseiten gut zum Zusammenliegen kommen. In diesem Kurvenblechrohr macht die Drallachse (*d*) eine Schraubenbewegung, und außen über dem Rohr bewegt sich die Drahtzugrolle (*e*). Die Längsnut (*f*) der Rolle steht im Eingriff mit dem Stift (*h*)

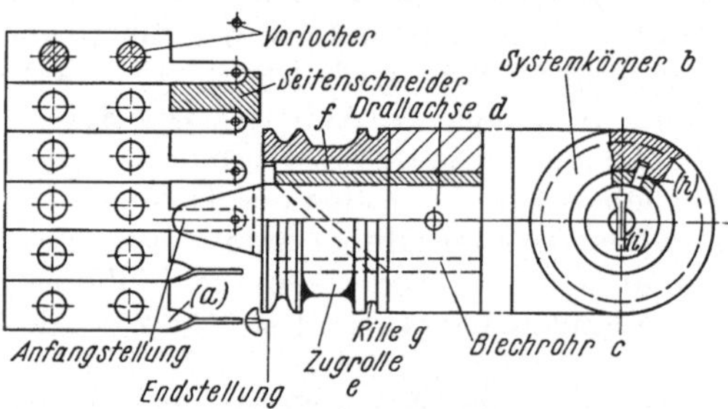

Abb. 11. Schränkorgan mit waagerechter Drallachse und kurvengesteuerter Drahtzugrolle.

der Drallachse. Wird die Zugrolle (*e*) mit einem Drahtösenstift versehen und von einem Zugdraht bewegt, so bewegen sich Drallachse (*d*) und Zugrolle (*e*) zugleich. Damit die Zugrolle nicht vom Kurvenrohr abgleitet, wird sie von einem Draht gehalten, der in ihre Laufrille (*g*) eingelegt und verschraubt ist. Das Drehmoment an der Rolle wird am einfachsten mit ihrem Zugdraht und einem Gewicht ermittelt, das am Zugdrahtende provisorisch befestigt wird. Um den Lötschwanz aus Neusilber, 0,5 mm dick, 3 mm breit und 12 mm lang zu rollen, ist das Gewicht von rund 1 kg gewählt worden. Nach Tafel V ist dafür mindestens ein Zugdraht von 0,3 mm ⌀ zu verwenden. Damit der Lötschwanz störungsfrei einläuft, muß der gabelförmige Schlitz (*i*) der Drallachse in der Anfangsstellung gut waagerecht eingestellt werden. Dafür erhält der Schlitz an der unteren Kante der Gabel eine Anflächung. Für das eine Zugdrahtende der Rolle kommt beim Rücklauf eine Zugkraft von $0,2\,P = 0,2$ kg in Frage, für die Schraubenfeder nach Tafel IV je nach Güte $r = 4,6$ mm, $d = 0,8$ mm ⌀ und $n = 25$ Win-

$$\text{dungen bis } r = 2,8 \text{ mm}, \quad d = 0,4 \text{ mm } ⌀ \quad \text{und } n = 8 \quad \text{und } f = \frac{P\,r^3\,n}{d^4\,c}$$

$$= \frac{0,2 \cdot 2,8^3 \cdot 8}{0,4^4 \cdot 120} = \sim 11,5 \text{ mm (Auszug).}$$ Am anderen Zugdrahtende, das über die Leitrollen geführt wird, tritt die Preßkraft für den Stempelkopf auf (s. Abb. 44). Die Ausführung des Schränksystems ist billig und der Materialverbrauch sehr gering.

h) Schränkorgan mit senkrecht schwenkenden Drallstiften und Drahtzugrolle (Abb. 12).

Zu beachten: Für das Schränken von Schenkeln, die im Blechstreifen senkrecht stehen und mit Gelenkaugen versehen sind, wird in Abb. 12

ein Verfahren veranschaulicht, das komplizierter aussieht, als es in Wirklichkeit ist. Man merke sich nur, daß die kürzeste zu schränkende Länge das Vierfache der Teilbreite nicht unterschreiten darf. Durch die Drehung verkürzt sich das Teil. Je schlanker der Drall ist, desto schöner sieht der Lötschwanz nach der Verwindung aus. Hier werden zwei Drallstifte angewendet, der eine mit Kopf (a) hat Spiel zwischen seinem

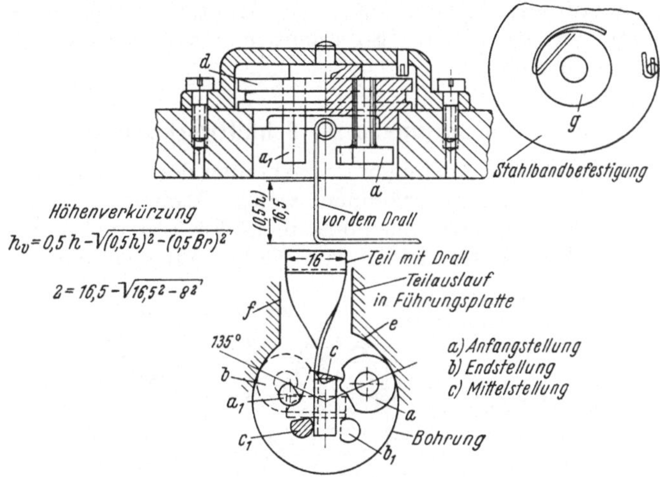

Abb. 12. Schränkorgan mit senkrecht schwenkenden Drallstiften und Drahtzugrolle.

Hals und dem Gelenkauge. Der Kopf des Stiftes liegt etwa 2,5 mm unterhalb des Gelenkauges. Beide Stifte schließen einen Winkel von 155° bei 135° Schwenkbewegung ein. Der Halsdurchmesser des Kopfstiftes (a) ist gleich dem Durchmesser des zylindrischen Gegenstiftes (a_1). Am Kopf (a) ist eine Nase, damit er den senkrecht stehenden Schenkel zu gleicher Zeit berührt wie der Gegenstift. Die Drahtzugrolle (d), die beide Stifte aufnimmt, hat einen Laufrand, der sich in der Ausdehnung (e) der Führungsplatte bewegt und dem Kopfstift ein seitliches Spiel gibt. Oben hat die Zugrolle einen Laufzapfen für ihren Lagerbock, der an die Führungsplatte geschraubt ist. Durch die offene Ausfräsung (f) in der Führungsplatte läuft das Teil aus. Zwischen Lagerbock und Stirnfläche der Rolle (d) sitzt eine Drahtspiralfeder, die die Rolle zurückbewegt. Ihr Drehmoment für das Schränken ist am einfachsten mit einem Hebelarm von 100 mm Länge und einem Gewicht festzustellen. Danach ist die Stärke des Zugdrahtes festzulegen.

Hubermittlungen an Exzenterpressen für Arbeitsbereiche formbildender Stempel.

Allgemeines.

Alle Vorschubbewegungen, mögen sie von Hand oder von der Maschine ausgeführt werden, haben eine Höchstgeschwindigkeit, bis zu der die Arbeit ungestört abläuft. Bei Handarbeit ist die Grenze durch

Ermüdung gegeben, bei Maschinen durch die Massenkräfte, die zu mechanischen Störungen und Brüchen führen können. Man kann sich vor Schäden bewahren, wenn man sich die Eigenschaften der Maschinen zunutze macht und zum eigenen Verständnis noch belehrende Schaubilder mit heranzieht. Bei Verbundwerkzeugen werden sehr verschiedene Arbeitsverfahren miteinander gekoppelt und zu ihrem taktmäßigen Fertigungsablauf gezwungen. Manche Verfahren lassen ein größeres Arbeitstempo zu als andere. So erlauben z. B. Stanzvorgänge nur langsames Umformen.

a) Hubermittlungen für Schnittwerkzeuge.

In Abb. 13 wird das Ansteigen und Abfallen der Stößelgeschwindigkeit gezeigt. Daran ist zu erkennen, welche Exzentereinstellung für das Umformen eines Teiles bei langsamem Verformungsgang am geeignetsten ist. Das Ausschneiden von Teilen mit Schnittwerkzeugen

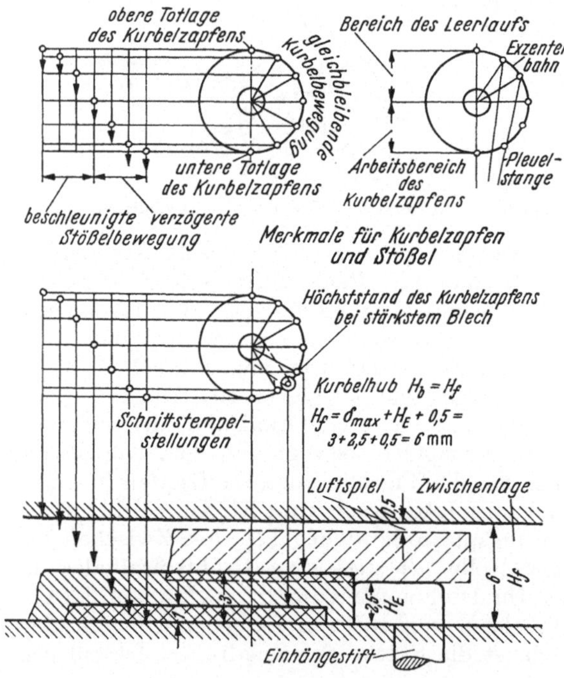

Abb. 13. Hubermittlungen für Schnittwerkzeuge.

nach Abb. 13 kommt dabei weniger in Betracht, weil dieser Vorgang sich in der Nähe der unteren Totlage des Exzenterzapfens abspielt. Die Eindringtiefe der Schnittstempel in die Schnittplatte ist etwa 0,1 mm. Genormte Schnittkästen haben meist eine Durchlaßhöhe von rund 6 mm, aus der sich die größte Teildicke ermitteln läßt. Die Formel lautet: $H_f = \delta_{max} + H_E + 0{,}5$ mm. Hierin bedeuten: δ_{max} die Maximal-

dicke des Teiles, $H_E = 2{,}5$ mm die Höhe für den Einhängestift. Die
0,5 mm sind Spiel für freien Vorschub des Streifens. Zur Schonung
der Stempelführung schließen die Stempelstirnflächen mit der unteren
Fläche der Führungsplattenebene ab, um das Ausschaben der
Stempelgleitbahnen zu verhindern. Der Stempelweg ist demnach
$H_f = 6 + 0{,}1$ mm — dies ist nicht immer der Fall —, und deshalb ist hier
der Hub für den Exzenterzapfen bzw. Stößel auf $H_b = H_f = 6 + 0{,}1$ mm
einzustellen.

b) Hubermittlungen für Stanzwerkzeuge.

Stanzteile in Verbundwerkzeugen erfordern zu ihrer Formung stets
mehrere Entwicklungsgänge mit größeren Stempelhüben, wenn die zu
verformenden Teilflächen im Werkzeug nicht sehr flach gelagert werden
können. Je weiter die Ausformfläche von der Führungsplatte entfernt
liegt, desto größer ist die Gefahr, daß Eckmomente auftreten und der Stempel sich lockert. Deshalb muß man unterscheiden, ob das Umformen der Teile mit hervorstehenden Biegeeinsätzen in der Schnittplatte oder mit Formteilen stattfindet, die in der Schnittplatte vertieft liegen. Im zweiten Fall sind die Stempelwege kleiner. Feststehende Biegeeinsätze mit Auflaufschrägen zum Heben des Blechstreifens sind nur dann anzuwenden, wenn sie kein Hindernis für den Streifenvorschub bilden. Die Biegeeinsätze sind im Durchschnitt 4- bis 5 mal so hoch wie die Teildicke und haben angeflächte Stanzkanten, keine Abrundungen.

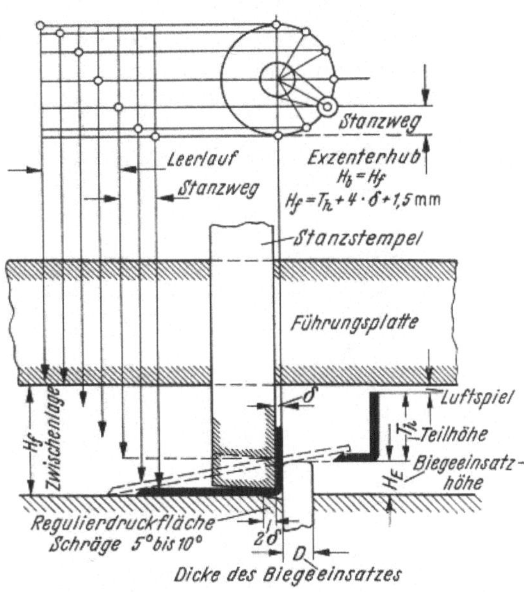

Abb. 14. Hubermittlungen für Stanzwerkzeuge.

Von ausschlaggebender Bedeutung ist bei Winkelstempeln die Regulier-
druckfläche (s. Abb. 14) gegen Rückfedern des Teilschenkels mit einer
Breite 2δ und die Gegenfläche in der Schnittplatte mit einer Schräge
von $5 \cdots 10°$. Die Kraft auf diese Fläche ist $P = p\,2\delta T_b$, dabei ist
$p = 7$ kg/mm² für Messing und $p = 10$ kg/mm² für Eisen. Die Dicke
des Biegeeinsatzes D in mm berechnet man erfahrungsgemäß aus

$$D = \frac{6P}{pT_b}.$$

Beispiel: Gegeben Messingwinkel mit $\delta = 1$ mm Blechdicke, Teilbreite $T_b = 8$ mm, Teilhöhe $T_h = 10$ mm.

Lösung: Die Höhe des feststehenden Biegeeinsatzes ist $H_E = 4\,\delta$ $= 4$ mm; Durchlaßhöhe im Werkzeug $H_f = T_h + 4\,\delta + 1{,}5$ mm $= 10 + 4 \cdot 1 + 1{,}5 = 15{,}5$ mm.

Die Kraft $P = 2\,\delta\,T_b\,p = 2 \cdot 1 \cdot 8 \cdot 7 = 112$ kg. Die Dicke des Biegeeinsatzes $D = \dfrac{6 \cdot 112}{14{,}4 \cdot 8} \approx 6$ mm; $p = 14{,}4$ kg/mm² für blauharten Stahl. Exzenterhub $H_b = H_f \approx 16$ mm.

Bei beweglichem Unterstempel.

Bei der Wahl eines beweglichen Unterstempels verkleinert sich die Höhe des Werkzeugdurchlasses zu

$$H_f = 15{,}5 - 4 = 11{,}5 \approx 12 \text{ mm Exzenterhub.}$$

c) Hubermittlungen für Ziehwerkzeuge.

Man hat zwei Ziehmethoden zu unterscheiden; eine, bei der das Ziehteil bis zum Ende im Blechstreifen verbleibt, die andere, wo der Topf aus der Scheibe geschnitten und gezogen wird. Das Ziehteil

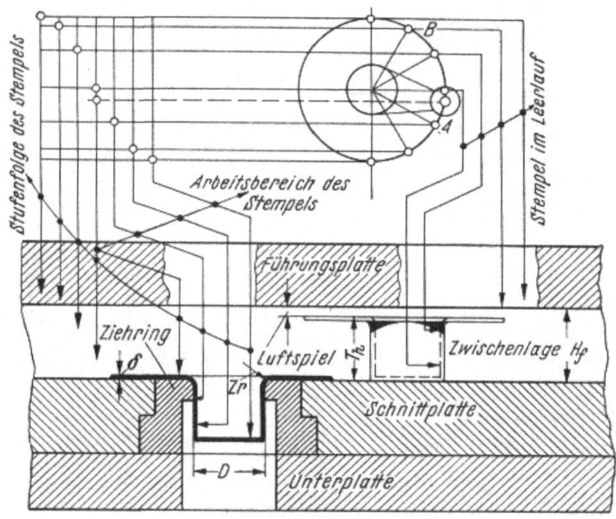

Abb. 15. Hubermittlungen für Ziehwerkzeuge $H_f = \left(T_h + Zr + \dfrac{D}{w}\right)^2$.

wandert dann aus dem Ziehring nach unten in den Sammelbehälter. Die wichtigste Aufgabe beim Ziehen ist, es so einzurichten, daß das Ziehen nicht mit großer Stößelbewegung beginnt, was man an der Kurbelstellung erkennt. Die Blechgefügeteilchen sind beim Beginn des Ziehens viel zu träge, als daß sie einer schnellen Ziehbewegung folgen könnten. Dadurch wird das Zerreißen des Bleches verständlich. Die Gründe für das Zerreißen des Bleches werden beim Ausprobieren der Werkzeuge nicht immer gefunden, man laboriert meist an den Zieh-

kanten herum, und bei einem Mißerfolg versucht man das Ziehen mit
größerem Exzenterhub. Abb. 15 macht eine günstige Stempelbewegung
verständlich, erleichtert hierdurch manches Überlegen und erspart
Ausprobierarbeiten.

Bei einer aus dem Streifen herausgetrennten Scheibe kann sich das
Topfziehen auf 5/6 des Exzenterweges erstrecken, da 1/6 für das Einschalten der Maschine reserviert bleiben muß. Das langsame Ziehen
am Anfang ist vorteilhaft für den Werkstoff, die Ziehgeschwindigkeit
steigert sich bis zur waagerechten Lage des Exzenterzapfens und ver-
langsamt sich dann bis zur unteren Totlage des Exzenters. Der Exzenterhub muß zumindest der Teilhöhe $T_h + \dfrac{D}{5}$ entsprechen. Sind nur wenige
Exzenterverstellungen an der Maschine vorhanden, dann wähle man
den Exzenterhub, der größer ist als der nach der Formel günstigste Hub.

Hubermittlungen für V-Werkzeuge.

Die Hübe für Exzenterpressen insbesondere für V-Werkzeuge richten
sich nach der Länge der Stempelwege, die gewöhnlich für Schnitt-
Stanzen sehr unterschiedlich sind. Man bevorzuge für V-Werkzeuge
treppenartig zusammengesetzte Führungsplatten, um die Schnittstempel in die Nähe der Schnittplatten zu bringen und dadurch die
Werkzeuge standfester zu machen. Die Hubzahlen je Minute für
V-Werkzeuge sind nach letzten Erkenntnissen:

δ_{max} bis	0,25	0,5	0,75	1	1,5	2	mm
n Umdr.	80	70	60	50	40	30	je min

Die Ziehgeschwindigkeit bei Massenfertigung wähle man höchstens
$6 \cdots 8$ m/min.

D. Zugelemente und Zahlentafeln.

Kriterium für Drahtzuganwendungen.

Mit der Einführung des Zugdrahtes als Arbeitsmittel für V-Werkzeuge taucht unwillkürlich die Frage auf, ob Drähte für genaue Arbeitsbewegungen zuverlässig sind oder nicht. Hier kann man ohne Vor-
behalt der Anwendung zustimmen. Auch die hochbeanspruchten
Klaviersaiten ändern ihre Tonhöhen trotz der Hammerschläge nicht.
Sind die Zugdrähte, die sich für Eisenbahnsignale bei Wärme und
Kälte jahrelang bewähren, nicht ein ebenso überzeugender Beweis für
die Eignung? Gegen den zuverlässigen Gebrauch gebündelter Zugdrähte (Drahtseile) wird man keine Einwände erheben. Warum sollten
gegen die Verwendung der Einzeldrähte für V-Werkzeuge Bedenken
aufkommen? Stichhaltige Gründe für eine Ablehnung sind wohl nicht
vorzubringen.

Anmerkungen für Zugdrähte.

Grundsätzlich sind Zugdrähte bei V-Werkzeugen nur für Leerlaufbewegungen der Arbeitsorgane vorzusehen, wenn die Verformungskraft erst in der Stanzstellung auf die Arbeitsorgane wirkt. Nur wo keine guten konstruktiven Lösungen zu finden sind, belaste man den Zugdraht nach Tafel IV mit zuzüglich 30% Sicherheit. Für Leerlaufbewegungen der Arbeitsorgane lege man eine Federkraft von 0,2 P zugrunde, die allen vorkommenden Ansprüchen genügt. Bei sich kreuzenden Drahtzügen sind zwei einrillige Leitrollen zu verwenden, für pendelnde doppellagerige oder kugelgelagerte Leitrollen. Ferner ist zu beachten, daß außer den einrilligen Leitrollen noch solche mit Rechts- oder Linksgewinde nach Tafel V Verwendung finden. Die einrilligen Rollen bevorzugt man bei senkrechter Lage der Leitrolle für eine Umlenkung des Drahtes um 90°, Rollen mit Gewindesteigung hingegen bis zu einer ganzen Umlaufwindung.

Zu Tafel I.

Bei den verschiedenen Festigkeitsrechnungen treten manche Werte immer wieder auf.

Zu beachten: Der *Elastizitätsmodul* $E = \dfrac{1}{\alpha}$ gibt diejenige Zug- oder Druckbelastung an, die ein prismatischer Stab mit dem Querschnitt „1“ erfahren müßte, wenn er um seine ursprüngliche Länge ausgedehnt bzw. (hypothetisch) zusammengedrückt werden sollte.

Unter *Dehnzahl* „α“ $= \dfrac{1}{E}$ (in cm²/kg) versteht man die Strecke (in cm), um die sich ein Stab von der Länge 1 cm und dem Querschnitt

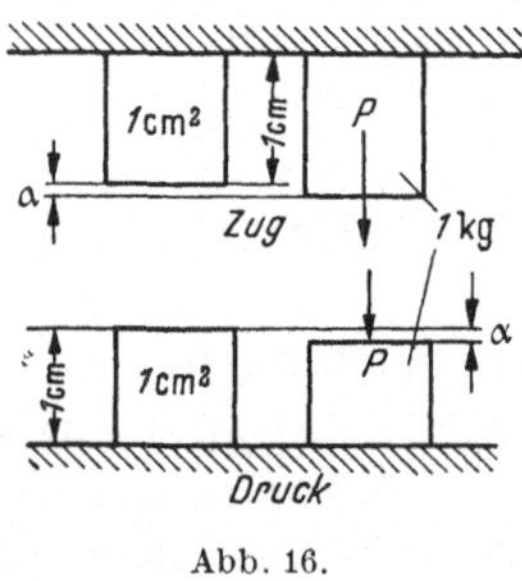

Abb. 16.

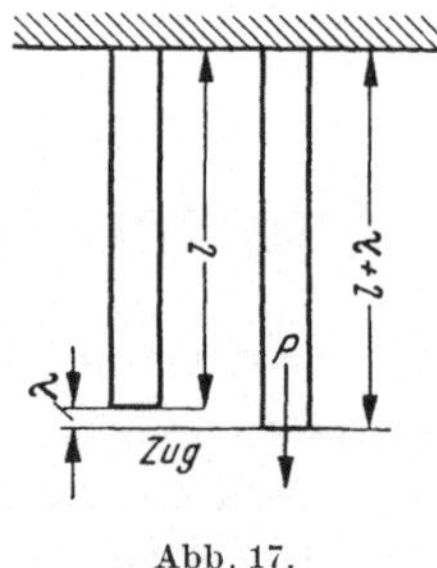

Abb. 17.

1 cm² je kg Belastung bei Zugbeanspruchung dehnt bzw. bei Druckbeanspruchung verkürzt (s. Abb. 16).

Beispiel: Eine Stange von 40 cm Länge und 5,3 cm² Querschnitt verändere ihre Länge bei einer mittleren Belastung $P = 10\,500$ kg um $\lambda = 0{,}04$ cm. Wie groß ist die Dehnzahl (s. Abb. 17)?

$$\text{Lösung:} \quad \alpha = \frac{1}{E} = \frac{0{,}04}{10\,500} \cdot \frac{5{,}3}{40} = \frac{0{,}212}{420\,000} \approx \frac{1}{2\,000\,000}\ \text{cm}^2/\text{kg}.$$

Anmerkung: Die Bruchdehnung in Prozent ausgedrückt bezeichnet die Längenänderung bis zum Bruch in Hundertsteln der ursprünglichen Stablänge; demnach

$$\text{Dehnung in \%} = \frac{\text{Stablänge minus ursprüngliche Stablänge}}{\text{ursprüngliche Stablänge}} \cdot 100.$$

Der *Schubmodul* (Schubsteife) $G = \dfrac{1}{\beta}$ ist die Belastung, die auf einen Körper von der Länge „1" je Flächeneinheit des Querschnitts schiebend einwirken müßte, um die Endflächen des Körpers um die Länge „1" gegeneinander zu verschieben. (Vorausgesetzt ist dabei, daß die Körperlänge im Vergleich zum Querschnitt so klein ist, daß die Verformung durch das Biegemoment zu vernachlässigen ist, was bei Schnittwerkzeugen immer zutrifft. Auch die ungleichmäßige Verteilung der Schubspannungen über den Querschnitt ist nicht berücksichtigt.)

Tafel Ia—c. *Statische Festigkeitswerte in kg/mm².*

Werkstoff	Elastizitätsmodul E	Schubmodul G	Streckgrenze bei Zug σ_S	Zugfestigkeit σ_B
Regelstähle			mind.	
St 34			19	34 ··· 42
St 50	20000 ··· 21000	8100 ··· 8500	27	50 ··· 60
St 70			35	70 ··· 85
Stahlguß				
GS-45			22	45

Streckgrenze und Bruchfestigkeit bei Biegung und Druck sind mindestens gleich den Werten bei Zug.

Streckgrenze bei Schub: $\tau_S \approx 0,6\,\sigma_S$,
Bruchfestigkeit bei Schub: $\tau_B \approx 0,85\,\sigma_B$.

Für *Grauguß* (Gußeisen): Der E-Modul bei Zug ist von der Beanspruchung σ abhängig: So ist z. B.

für GG-26 bei $\sigma = 4 : E \approx 13000$, bei $\sigma = 14 : E \approx 11000$;
für GG-12 bei $\sigma = 3 : E \approx 7000$, bei $\sigma = 8 : E \approx 4000$.

Entsprechend schwankt der Schubmodul G von 2200 bis 5200.
Der E-Modul bei Druck ist von der Beanspruchung nahezu unabhängig:

Er ist für GG-26: 12000 ··· 13000,
GG-14: ~ 9000,
GG-12: ~ 7000.

Die Zugfestigkeit bei Grauguß ist für Wanddicken von 15 ··· 30 mm aus der Markenbezeichnung zu ersehen, z. B.:

$$\sigma_B = 26 \text{ für GG-26},$$
$$\sigma_B = 14 \text{ für GG-14};$$

für kleinere Wanddicken ist σ_B etwa 2 kg/mm² größer. Die Biegefestigkeit ist je nach Querschnittsform $\sigma_{bB} \approx 2\,\sigma_B$ und die Druckfestigkeit $\sigma_{-B} \approx 4\,\sigma_B$. Die Schubfestigkeit τ_B ist etwas größer als σ_B. Festigkeiten und Streckgrenzen genormter Vergütungsstähle in DIN 17200.

Tafel I b.

Werkstoff	Elastizitätsmodul E	Schubmodul G	Streck-grenze bei Zug $\sigma_{0,2}$	Zug-festigkeit σ_B
Kupfer-Gußlegierung:				
Rg 5 Sandguß . . .	8200 ··· ∼12000	3500 ··· ∼4400	8 ··· 10	15 ··· 24
Rg 5 Schleuderguß .			10 ··· 14	25 ··· 30
G So Ms 57 F 60			25 ··· 30	60 ··· 70
Kupfer-Knetlegierung:				
E Cu F 20			4 ··· 8	20 ··· 25
E Cu F 45	∼12500	4500	>40	>45
Ms 58 p	∼12000		12 ··· 18	42 ... 50
Ms 58 F 37	(in Walzrich-		10 ··· 15	37 ... 45
Ms 58 F 51	tung: <14000	4400	40 ··· 50	51 ... 63
Ms 63	diagonal:		8 ··· 12	29 ... 35
Ms 63 F 52	> 8000)		>45	>52
Aluminium-Gußlegierung:				
G AlMg 3 unbehandelt.	7000	2700	7 ··· 12	13 ··· 20
G AlMg 3 ausgehärtet .			12 ··· 18	16 ··· 33
G AlSiMg unbehandelt	7700		8 ··· 15	17 ··· 26
G AlSiMg ausgehärtet .			17 ··· 28	20 ··· 32
Aluminium-Knetlegierung:				
AlCuMg F 28	7000 ··· 7200		>22	>28
AlCuMg F 45			>32	>45
AlMn F 9	6800 ··· 7000		> 4	> 9
AlMn F 15			>12	>15
Zink-Gußlegierung:				
G ZnAl 4 Cu 1 Sandguß	(10000 ··· 13000)	4000		18 ··· 25
G ZnAl 4 Cu 1 Druckguß				27 ··· 33
Hartblei Pb Sb 5	1750	560	∼2	4 ··· 6

Tafel I c.

Holz (∥ z. Faser)	Elastizitätsmodul E	Zugfestigkeit σ_B	Druck-festigkeit σ_{-B}	Schub-festigkeit τ_B
Eiche	1300	9	5,5	1,1
Buche	1600	13,5	5,3	0,8
Pappel	880	7,7	3	0,5
Kiefer	1200	10,4	4,7	1
Fichte	1100	9	4,3	0,67

Die Schubzahl $\beta = \dfrac{1}{G}$ ist unter den gleichen Voraussetzungen die Strecke, um die sich zwei im Abstand 1 cm gegenüberliegende Flächenteilchen unter dem Einfluß von 1 kg Schubkraft gegeneinander verschieben bei einer Querschnittsfläche von 1 cm² (s. Abb. 18).

Beispiel: Ein Körper von 2,5 cm Länge und $F = 4,8$ cm² Querschnitt wird durch eine Schubkraft von $P = 9300$ kg um 0,006 cm verschoben. Wie groß ist die Schubzahl?

$$\text{Lösung:} \quad \beta = \frac{1}{G} = \frac{0,006}{9300} \frac{4,8}{2,5} = \frac{0,0288}{23250} = \frac{1}{807292} \text{ cm}^2/\text{kg}.$$

Dieser Wert kommt nach Tafel I für Stahl in Frage.

Die Elastizitätsgrenze σ_E ist die größte Zug- oder Druckbelastung eines Körpers je Flächeneinheit, bis zu welcher der Körper nach Fortnahme der äußeren Kräfte in seine alte Form zurückgeht, ohne daß die bleibende Dehnung mehr als einen kleinen Bruchteil eines Prozents ausmacht. Technisch wird dafür die Streckgrenze σ_s oder 0,2%-Dehngrenze benutzt. Maßeinheit kg/cm² (s. Abb. 19).

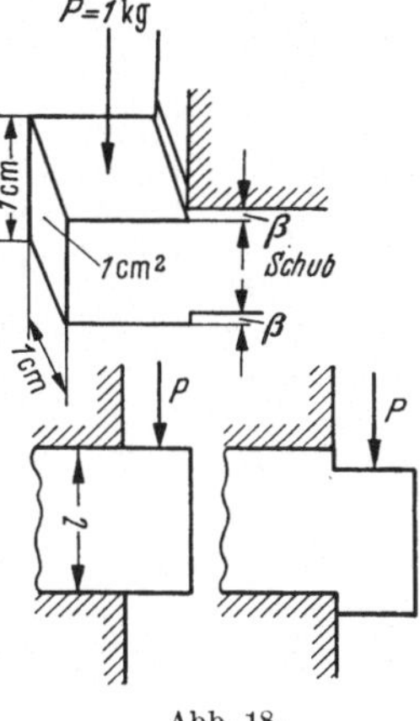

Abb. 18.

Beispiel: Ein Stab von 3 cm² Querschnitt kann höchstens mit $P = 2850$ kg belastet werden, wenn er nach Entfernen der Last wieder nahezu seine ursprüngliche Länge annehmen

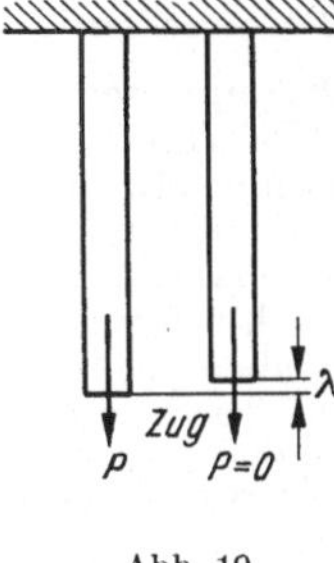

Abb. 19.

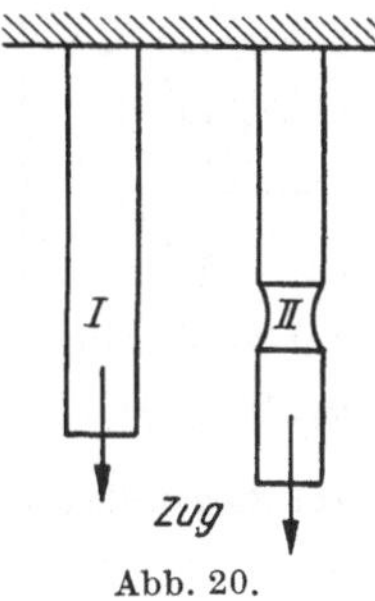

Abb. 20.

soll. Eine Vergrößerung von „P" hat bleibende Längenänderung im Gefolge.

Lösung: Die Streckgrenze errechnet sich aus: $\sigma_s = \dfrac{2850}{3} = 950$ kg je cm².

Die Bruchfestigkeit σ_B (Bruchgrenze, statische Festigkeit) ist die (zügige) Belastung je Flächeneinheit, bei der der Bruch des Körpers erfolgt. Maßeinheit kg/cm² (s. Abb. 20).

Beispiel: Ein Stab von 6,4 cm² Querschnitt brach bei einer mittigen Belastung von 22000 kg unter gleichzeitiger Verkleinerung seines Querschnittes von I auf II. Wie groß ist die Bruchgrenze?

Lösung: Die Bruchfestigkeit ist auf den ursprünglichen Querschnitt zu beziehen (also auf I) und ergibt sich zu

$$\sigma_B = \frac{22000}{6,4} = 3450 \text{ kg/cm}^2.$$

Zu Tafel II. Flächendrücke für die Kaltverformung.

Für die Stanzerei sind Angaben der Flächendrücke zur Formbildung von Blechteilen sehr aufschlußreich. Die Belastungen je Flächeneinheit sind ausschlaggebend für die Werkzeuge. Will man mit dem Werkzeugstahl haushalten, so muß man die Werkzeuge nach den Belastungen bemessen. Konstruktionen nach Gefühl sind teuer und führen zu größerem Stahlverbrauch und Bearbeitungskosten. Besonders sorgfältig zu beachten sind große Flächenbeanspruchungen wie das Hochprägen bei dünnen Blechteilen, z. B. erhabene Schrift bei Münzen,

Tafel II. *Flächendrücke für Kaltumformung.*

Material	δ_{mm}	Arbeitsverfahren	Verwendung	p kg/mm²
Messingblech . .	0,4	Hochprägen	Zierflächen, z. B. Zifferblätter u. a. m.	270 ··· 300
V2A Stahlblech	bis 3	Hochprägen	Eßbestecke	250 ··· 270
Stahlblech . . .		Kalibrieren	Montageplatten	200 ··· 260
Alpaka	bis 3	Hochprägen	Eßbestecke	160 ··· 200
Stahlblech . . .		Ausprägen mit Aufschlagleisten	Schnittblechteile u. dgl.	160 ··· 180
Nickelblech . .	1,5	Hochprägen	Münzen	160 ··· 180
Silberblech . .	3	Hochprägen	Münzen	150 ··· 165
Goldblech . . .		Hochprägen	Schmuck	120 ··· 150
Stahl weich . .		Formpressen	Bedarfsteile verschiedener Art	100 ··· 150
Messing weich .		Formpressen	Schalterteile u. a. m.	20 ··· 40
Messingblech . .	bis 5	Planieren Fischhautfläche	Montageplatten	20 ··· 40
Stahlblech . . .	bis 3	Planieren Fischhautfläche	Montageplatten	20 ··· 40
Stahl u. Messing	0,7	Hohlprägen	Beschläge	5 ··· 10
Mess. Biegeteile		Regulierdrücken auf 2δ-Breite	für gleiche Formbildung	5 ··· 7
Stahl Biegeteile .		Regulierdrücken auf 2δ-Breite	für gleiche Formbildung	7 ··· 10

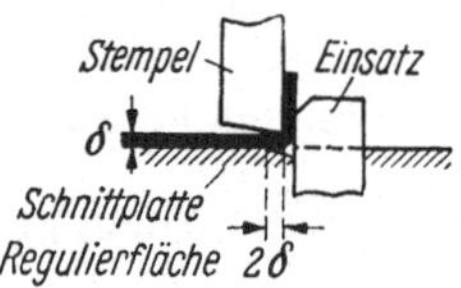

Beispiel. Material: Messingblech $\delta = 1{,}5$ mm und Winkelbreite 8 mm;

$$P = 2\,\delta\,T_b\,p = 2 \cdot 1{,}5 \cdot 8 \cdot 20 = 480 \text{ kg}$$

Für Gelenkrollen.

$d_i \varnothing$	0,5	0,75	1	1,25	1,5	1,75	2	2,25	2,5 mm
bis δ	0,25	0,4	0,5	0,7	0,8	0,9	1	1,12	1,25 mm

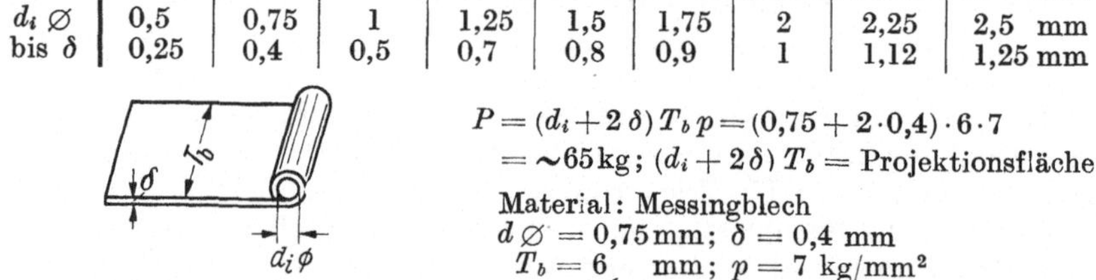

$$P = (d_i + 2\,\delta)\,T_b\,p = (0{,}75 + 2 \cdot 0{,}4) \cdot 6 \cdot 7$$
$$= {\sim}65 \text{ kg}; \quad (d_i + 2\,\delta)\,T_b = \text{Projektionsfläche}$$

Material: Messingblech
$d\varnothing = 0{,}75$ mm; $\delta = 0{,}4$ mm
$T_b = 6$ mm; $p = 7$ kg/mm²

Reliefprägungen auf Eßbestecken und dgl. Hierfür sind Werkzeuge aus Stahl 210 Cr 46 sehr geeignet (2,1% C, 0,35% Si, 0,3% Mn, 11,5% Cr). Das Kalibrieren von Teilen, um sie mit einer Genauigkeit von $\pm 0{,}02$ mm in der Dicke herzustellen, ist z. B. bei Scheiben für Rechenmaschinen und für Preßteile in Massenfertigung vorzunehmen. Notwendig ist hierfür die Anwendung von Distanzstücken für die Stanzaufschläge auf den Werkzeugen. Bei derartigen Preßvorgängen sinkt immer dann der spezifische Druck, wenn sich das Material ungehemmt verbreitern kann. Auch hier sind Werkzeuge aus Kohlenstoffstahl am geeignetsten. Für das Formpressen von Messingteilen mit hohem Zinkgehalt, z. B. bei Flügelmuttern, Schalterteilen und dgl., sind sehr große Verbilligungen in der Produktion zu erzielen. Leistungsfähige Werkzeuge sind aus Kohlenstoffstahl.

Zum Planieren (Flachstanzen) sind Fischhautstanzen vorzuziehen. Dabei dürfen die Punktabstände in der Planierfläche nicht kleiner als die Blechdicke sein, weil sonst der Druck erheblich ansteigt. Werkzeuge aus Kohlenstoffstahl sind zu bevorzugen. Das Hohlprägen — nicht mit Hochprägen zu verwechseln — kommt für Beschläge und für das Rollen von Gelenkaugen in Frage; diese Werkzeuge sind ebenfalls aus Kohlenstoffstahl. Ein regulierendes Drücken der Stempel auf eine Teilfläche, die auf der Schnittplatte ruht, ist anzuwenden, wenn ein Rückfedern von gewinkelten Schenkeln verhindert werden soll. Der Druck bezieht sich dabei auf die Fläche $2\,\delta T_b$ an dem Winkel (s. Abb. 14).

Zulässige Spannungen für den Maschinenbau.

Bei der Festigkeitsrechnung verglich man früher die Nennspannung, die für den prismatischen Körper errechnet war, mit der zulässigen Spannung nach BACH. Heute müssen die Grenzen meist höher gewählt werden. Treten an einer kritischen Stelle gleichzeitig mehrere Spannungen auf, so ermittelt man die Gesamtanstrengung σ_v, z. B. aus einer Normalspannung σ und einer Schubspannung $\tau: \sigma_v = \sqrt{\sigma^2 + 3\tau^2}$. Man vergleicht die errechnete Anstrengung mit der Streckgrenze des Werkstoffes, wenn der Werkstoff schmeidig ist (z. B. Stahl), die Belastung nicht schlagartig wirkt und die Zahl der Lastwechsel kleiner als etwa 10000 ist. Hat man mit der höchsten Last gerechnet, so sind Sicherheitswerte von 1,1 $\cdots$ 1,8 gegen Streckgrenze gebräuchlich. Bei Knickung sind Sicherheiten von 3 $\cdots$ 6 üblich. Die Wirkung örtlich begrenzter Kerben vernachlässigt man bei ruhender Belastung schmeidiger Werkstoffe, da das Fließen an einer scharfen Spannungsspitze durch benachbarte Teilchen behindert wird und durch die Blockierung des Gleitens die Werkstoffestigkeit steigt.

Ist die Zahl der Lastwechsel größer als ~ 2000000, so geht man von der Dauerfestigkeit aus. Bei polierten Probestäben ist die Zug-Druck-Wechselfestigkeit für Stahl $\sigma_W \approx 0{,}3 \cdots 0{,}4\,\sigma_B$, für Grauguß und Stahlguß $\sigma_W \approx 0{,}26\,\sigma_B$.

Die Biegedauerfestigkeiten sind für Eisenlegierungen $\sigma_{bW} \approx 0{,}4$ bis $0{,}5\sigma_B$, (für andere Metalle $\sigma_{bW} \approx 0{,}3 \cdots 0{,}4\,\sigma_B$).

Die Drehwechselfestigkeit $\tau_W \approx 0{,}58\,\sigma_{bW}$ für Stahl und Aluminium, $\tau_W \approx 0{,}75\,\sigma_{bW}$ für Grauguß.

Ein Baukörper erträgt nicht dauernd eine Nennspannung, die so groß ist wie die Dauerfestigkeit des polierten Probestabes σ_W, sondern nur eine Wechselbelastung $\sigma_{nWk} = \sigma_W/\beta_k$. Die Kerbwirkungszahl β_k hängt ab von der Form des Baukörpers (dem Verhältnis des Kerbradius zu den Körperabmessungen) und der Art der Belastung, sie nimmt zu mit der Werkstoffestigkeit, der Größe und der Oberflächenrauhigkeit.

Beispiel 1. Hebelbeanspruchung auf Biegung (Abb. 21).

Für das Schränken einer Lötöse nach Abb. 11 ist vorerst ein Hebel nach Abb. 21 festgelegt. Die höchste Biegespannung tritt an der Stelle 8 mm vom Federangriff auf, wo die Verstärkung beginnt. Hier

ist das Biegemoment $M = Pl = 1 \cdot 0,8 = 0,8$ cm kg, das Widerstands-
moment $W = \dfrac{b\,h^2}{6} = \dfrac{0,5 \cdot 0,3^2}{6} = 0,0075$ cm³. $\sigma_b = \dfrac{M}{W} = 107$ kg/cm².

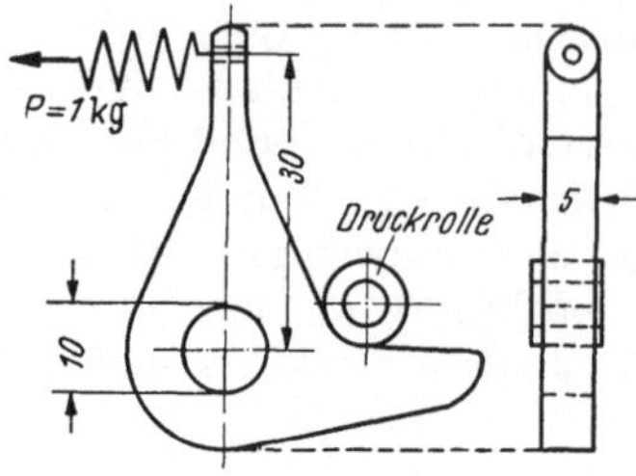

Abb. 21. Zugdrahthebel.

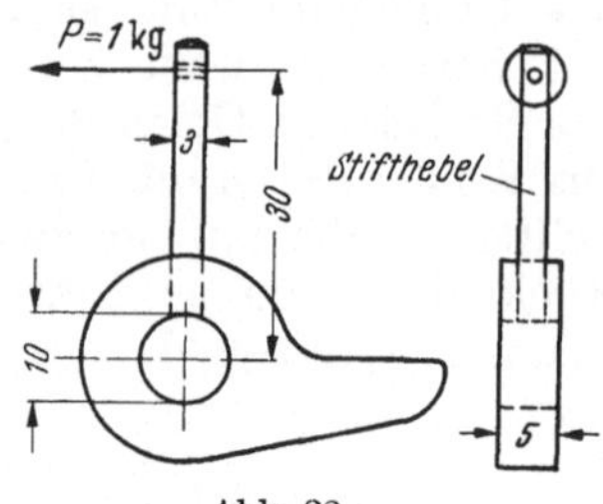

Abb. 22.

Diese Spannung liegt so weit unter der Streckgrenze und Dauerfestigkeit des Stahles, daß die Hebelform nach Abb. 22 erwogen wird:
Hier ist die höchste Spannung an der Einspannstelle des Stiftes:

$$M = 1 \cdot 1,9 = 1,9 \text{ cm kg}, \qquad W = \frac{\pi\,d^3}{32} = \frac{\pi\,0,3^3}{32} = 0,00265 \text{ cm}^3,$$
$$\sigma_b = 718\,\text{kg/cm}^2.$$

Hierzu kommt der Preßdruck:

$$\sigma_r = -\frac{E\,\Delta d\,(D^2 - d^2)}{2\,d\,D^2} = -\frac{2\,100\,000 \cdot 0,0004\,(0,5^2 - 0,3^2)}{2 \cdot 0,3 \cdot 0,5^2}$$
$$= -900 \text{ kg/cm}^2.$$

Gesamtanstrengung: $\sigma_v = \sqrt{0,5}\ \sqrt{(-900 - 718)^2 + (718 + 900)^2}$
$$= 1618 \text{ kg/cm}^2.$$

Die Sicherheit gegen Fließgrenze: $S = \dfrac{1900}{1618} = 1,18$. Das heißt:
Würde die Belastung um $\sim 18\%$ überschritten, dann würde an einer
örtlich begrenzten Stelle die Fließgrenze erreicht. Dank der Fließ-
behinderung durch benachbarte Teilchen wäre dies aber noch un-
gefährlich. Würde die Belastung mehr als $2\,000\,000$fach auftreten, so
wäre zu rechnen:

Biegedauer-Wechselfestigkeit für St 34: $\sigma_{bW} \approx 0,47 \cdot 34 \approx 16$ kg/mm².
Kerbwirkungszahl $\sim 1,8$ durch Passungsrost um $\sim 30\%$ vergrößert:
$\beta_k \approx 2,4$. Da die Nennbiegespannung von 0 bis 718 kg/cm² schwankt,
ist die Mittelspannung $\sigma_m = 3,6$ kg/mm², die Ausschlagspannung
$\pm 3,6$ kg/mm². Trägt man, wie in Abb. 22a gezeigt, die Spannungen
in das Dauerfestigkeits-Schaubild von St 34 ein, so ergibt sich gegen
Dauerbruch eine Sicherheit:

$$S = \frac{\overline{OB}}{\overline{OA}} \approx 1,6.$$

Die Durchbiegung des Hebels ist:

$$f = \frac{P\,l^3}{3\,E\,J} = \frac{1 \cdot 1,9^3}{3 \cdot 2\,100\,000 \cdot 0,0003977} = 0,0027\,\text{cm}.$$

Anmerkung: Werkzeuge sind stets nach Zweckmäßigkeit und nicht
nach Schönheit zu konstruieren.

Beispiel 2. Ermittlungen der Biege-, Zug- und Scherkräfte nach Abb. 23.

Hohlbiegekraft: $P = \dfrac{(d_i + 2\,\delta)\,T_b\,p}{2} = \dfrac{(3 + 2 \cdot 0{,}3)\,5 \cdot 7}{2} = 63\,\text{kg}.$

Zugdraht beansprucht durch $0{,}2\,P = 12{,}6\,\text{kg}.$
Zugdrahtdurchmesser nach Zahlentafel: 0,4 mm.
Hebelverhältnis des Schwenkstempels 1 : 1.
Resultierende Kraft auf den Bolzen: $\sim 1{,}1\,P.$
Je Abscherquerschnitt: $0{,}55\,P.$
Bolzenwerkstoff St 50: $\tau_s = 17\;\text{kg/mm}^2$, $\tau_w = 14\;\text{kg/mm}^2$.

Verlangen wir eine Sicherheit gegen Streckgrenze $S = 1{,}5$, so wird der erforderliche Bolzendurchmesser:

$$d = \sqrt{\frac{4}{\pi}\,\frac{0{,}55\,P}{\tau_s}\,\frac{4}{3}\,S}$$

$$= \sqrt{\frac{4}{\pi}\,\frac{0{,}55 \cdot 63}{19}\,\frac{4}{3}\,1{,}5}$$

$$= 2{,}2 \approx 2{,}5\,\text{mm}\;\varnothing.$$

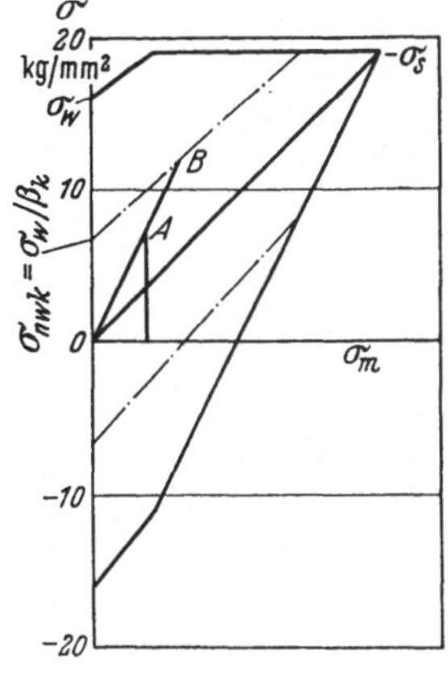

Abb. 22a. Dauerfestigkeits-Schaubild für St 34 (Biegung).

Kritik: Wird die Achse des Schwenkhebels abgeschert, so ist ein Ersatz billiger, als wenn der Hebel bricht. Daher wird man lieber die Beanspruchung der Achse hoch wählen. Da der Schwenkhebel links von dem Stoßstempel und unten von der Schnittplatte abgefangen wird, ist der Biegeeinsatz gegen Bruch gesichert (s. Pfeile). Die Schnittplatte kann hier sehr durchfedern, wenn man nicht die Lage der resultierenden Kraft (Schwerpunkt) des V-Werkzeuges berücksichtigt und die Gesamtkraft auf das Werkzeug durch Aufschlagleisten abfängt.

Beispiel 3. Schnittstempelbeanspruchung auf Knickung (s. Abb. 24).

Stempellänge (genormt): 60 mm,
Blechdicke: $\delta = 3{,}5$ mm,
Material: Stahlblech.

$\tau_a = 50\;\text{kg/mm}^2.$ $E = 2\,100\,000\;\text{kg/cm}^2.$
$J = 0{,}049\,d^4.$

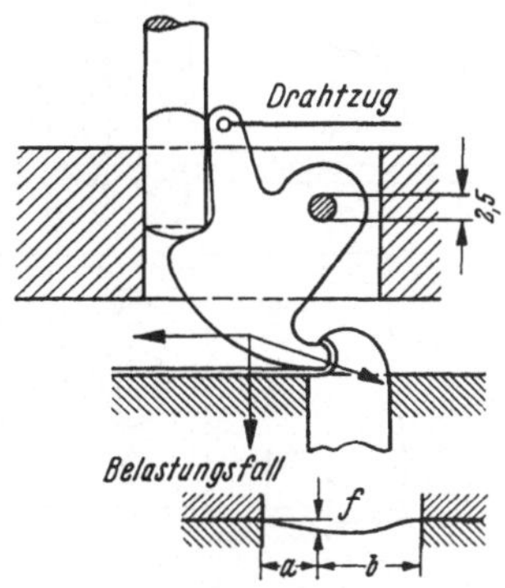

Abb. 23.

Der kleinste zulässige Schnittstempeldurchmesser ist:

$$d = \sqrt[3]{\frac{l^2\,\delta\,\tau_\alpha}{2\,\pi\,E\,0{,}049}} = \sqrt[3]{\frac{6^2 \cdot 0{,}35 \cdot 5000}{2\,\pi \cdot 2\,100\,000 \cdot 0{,}049}} = 0{,}46\,\text{mm.}\;[1]$$

Die Schlankheit des Stempels ist $\lambda = 4\dfrac{1}{d} = 4\dfrac{60}{4{,}6} = 52$, d. h. die EULER-Gleichung gilt hier nicht mehr. Will man den Stempel sehr

[1] KACZMAREK, E.: Praktische Stanzerei, Bd. I, 3. Aufl., S. 149, Euler Fall III. Berlin, Göttingen, Heidelberg: Springer 1949.

dünn ausführen, so ist der Schnittstempel abzusetzen, oder durch eine
Hülse ist die Knickgefahr zu verringern. Für einen abgesetzten Stempel
ist der kleinste zulässige Durchmesser gegeben
durch die Druckstreckgrenze aus

$$P = \delta d \pi \tau_\alpha = \pi \frac{d^2}{4} \sigma_s:$$

$$d \geqq 4 \delta \frac{\tau_\alpha}{\sigma_s}.$$

Dabei kann man die Streckgrenze des Werk-
zeugstahles $\sigma_s = 140$ kg je mm² setzen.

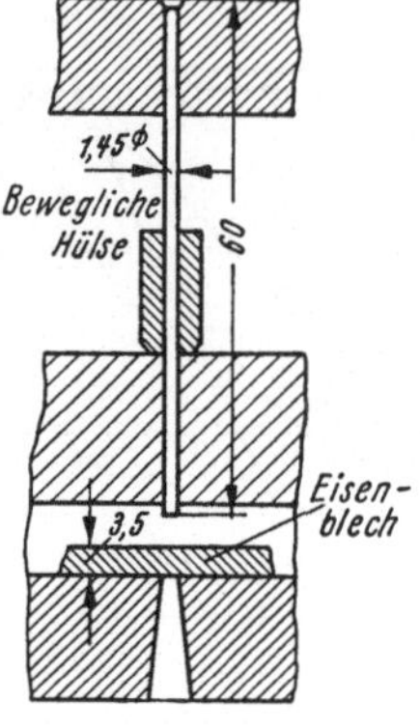

Abb. 24.

Zu Tafel III. Scherfestigkeiten metallischer und nichtmetallischer Werkstoffe.

Bei der Feststellung der Schnittkräfte, besonders
für Metallbleche, sind drei verschiedene Schliffarten
der Schnittstempel zu unterscheiden: Parallel-, Hohl-
und Schrägscharfschliff[1]. Die Schnittkraft ist beim
Parallelschliff $P = U \delta \tau_a$, beim Hohlschliff $P_1 = 0,65\,P$, beim Schrägschliff $P_2 = 0,5\,P$; U ist die Schnittlinienlänge. Die Mittelwerte der
Angaben für Metall weich und hart stimmen nicht für halbhart gewalzte
Bleche. Parallelschliff sollte man möglichst nicht anwenden, denn er
belastet bei geräuschvoller Arbeit
das Werkzeug und die Presse am
meisten. Bei den anderen Schliffarten sind die Kräfte geringer, so daß
man kleine Pressen mit hoher Drehzahl verwenden kann, was für die
Fertigung vorteilhaft ist. Der Schrägschliff ist am beliebtesten für
Werkzeuge, weil er die Schnittkraft
bei geräuschloser Arbeit auf $0,5\,P$
herabsetzt. Um den gerechneten
Kraftangriffspunkt zu erhalten, gibt
man den Stempeln eine Schräg-
schliffhöhe von etwa $0,9\,\delta$. Dann hat
der Stempel bei 90% Eindring-
tiefe im Blechstreifen eine Stellung

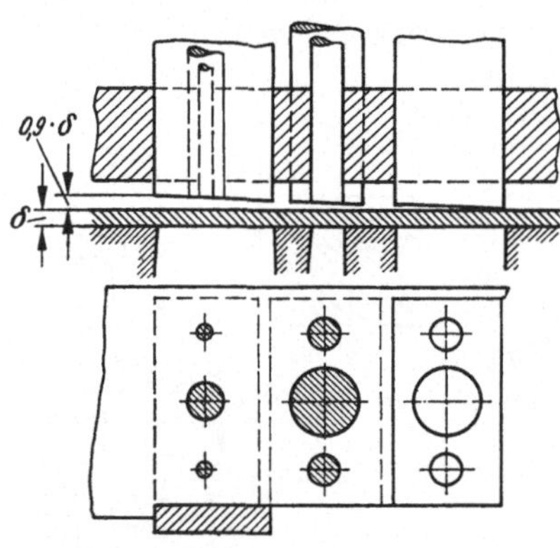

Abb. 25. Schrägschliff über Folgestempel.

eingenommen, bei der die ganze Stirnfläche schneidet. So wird bei
der Ermittlung der Kraftresultierenden gerechnet (s. Abb. 25).

Zu Tafel IV (Abb. 26a bis Abb. 26d).

In dieser Zahlentafel sind die zulässigen Zugkräfte für Stahldrähte
und Stahlbänder (von Uhrfedern), desgleichen für Schrauben- und
Blattfedern angegeben, die man nur unwesentlich überschreiten soll.

---

[1] KACZMAREK, E.: Praktische Stanzerei, Bd. I, 3. Aufl. Berlin, Göttingen,
Heidelberg: Springer 1949.

Tafel III. *Scherfestigkeiten nichtmetallischer Werkstoffe für Messerschnitte.*

Bezeichnung des Werkstoffes	Festigkeit τ_a in kg/mm²
Glimmer 0,5 mm	8
Glimmer 2,0 mm	5
Hartpappe	7 ... 9
Klingerit	4
Reines Kunstharz	2,5 ... 3
Kunstharzgewebe	9 ... 12
Pappe	2 ... 3,5
Papier: 1 Blatt 0,25 mm dick	16
5 Blatt je 0,25 mm dick	4,5
10 Blatt je 0,25 mm dick	2,3
20 Blatt je 0,25 mm dick	1,4
Leder	0,6 ... 0,8 ... 1,5
Gummi	0,6 ... 6
Zelluloid	4 ... 6
Birkenholz	1,2
Buchenholz	0,7 ... 1,9
Kiefernholz	1
Lindenholz	0,4 ... 0,6
Tannenholz	0,4 ... 0,6

Scherfestigkeiten metallischer Werkstoffe für Frei- und Führungsschnitte.

Bezeichnung des Werkstoffes	Festigkeit τ_a in kg/mm²		
	weich	halbhart	hart
Aluminium	7 ... 9	10 ... 12	13 ... 16
Blei	2 ... 3		
AlCuMg	14 ... 20	23 ... 26	35 ... 40
AlMn	8 ... 12	10 ... 14	14 ... 20
Kupfer	20		30
Ms 60, Ms 63, Ms 72	22 ... 32		35 ... 40
Neusilber	28 ... 36		45 ... 56
Rostfreies Stahlblech		52 ... 56	
Ziehbleche St V 23 ... St VII 23	24		30
St VIII 23 t und k, St X 23	25		32
Stahl mit 0,1 % C-Gehalt	25		32
Stahl mit 0,2 % C-Gehalt	32		40
Stahl mit 0,3 % C-Gehalt	36		48
Stahl mit 0,4 % C-Gehalt	45		56
Stahl mit 0,6 % C-Gehalt	56		72
Stahl mit 0,8 % C-Gehalt	72		90
Stahl mit 1,0 % C-Gehalt	80		105

Anmerkung: Die angegebenen Werte gelten für scharf geschliffene Werkzeuge und werden mit fortschreitender Stumpfung größer; mit fallender Werkstückdicke wächst ebenfalls der Scherdruck.

Federkräfte werden gefühlsmäßig oft unnötig hoch vorgesehen. Das verursacht großen Verschleiß bei beweglichen Werkzeugteilen. Deshalb ist es vorteilhafter, die Federkräfte zu überlegen. Die Drahtzug- und Schraubenfederkraft in Abb. 26a ist erst nach der Bauweise des zu bewegenden Werkzeugteiles festzustellen. Hierzu diene folgendes Beispiel nach Abb. 7:

Gegeben:

    Biegeform: Quadrat $3 \cdot 3$ mm
    Länge: 5 mm
    Blechdicke: $\delta = 0{,}3$ mm
    Hebelarme: $L = 12$ mm
    Hebelwege: $l = 5 + 1 = 6$ mm (Hebelverhältnis $1:1$)
    Kraft im Leerlauf: $P_0 = 0{,}200$ kg

Ermittelt sind:

    Abstreifkraft: $P_a = p\,F = 0{,}15 \cdot 60 = 9{,}000$ kg
    Flächenpressung: $p = 0{,}15$ kg/mm^2
    Abwicklungsfläche: $F = 60$ mm^2

    Federkraft bei n_x: $P_f = 0{,}218$ kg; $n_x = \dfrac{n f_1}{f} = \dfrac{25 \cdot 6}{10} = 15$ Windg.

    Feder-Außen-$\varnothing$: $D_a = 2 \cdot 4{,}6 + 0{,}8 = 10$ mm $\varnothing$ (s. Zahlentafel)
    Federkraftweg: $f = 6$ mm bedingt
    Stahldraht-$\varnothing$: $d = 0{,}4$ mm $\varnothing$ gewählt (s. Zahlentafel)

Zu beachten: Für die Ermittlung der erforderlichen Arbeitskräfte
sind die gegebenen Einzelheiten aus der vorliegenden Werkzeugbauweise
(s. vorangegangene Aufstellung) festzulegen. Aus ihnen ergibt sich mit
Heranziehung der Zahlentafel ein übersichtliches Bild über die Kraft-
verhältnisse und Abmessungen der Zugelemente. Bei einer Abweichung
des Federkraftweges „f" von der Zahlentafel sind bei gleichbleibender
Federkraft (s. Ablesewert) die Federwindungen nach der Gleichung:
gesuchte Windungen

$$n_x = \frac{n f_1}{f} = \frac{\text{Windungen nach Tabelle mal verlangten Federkraftweg}}{\text{Federkraftweg nach Tabelle}}$$

zu ermitteln. Nach der Gleichung für Schraubenfedern sinkt mit zu-
nehmender Anzahl der Windungen die Federkraft, oder der Federungsweg wird größer. Werden wie in Abb. 26 d beide Enden der Schraubenfeder gezogen, dann kommt bei gleicher Federkraft der zweifache Zugweg und die doppelte Windungenanzahl für die Feder in Frage. Als
unterste Grenze für Schraubenfedern lege man $n = 5$ Windungsgänge fest.
Die Zugkraft für den Stahldraht ergibt sich im vorliegenden Falle bei

$$P_g = P\,\frac{R}{r} + 2\,P_f$$

P = Arbeitskraft des Zugdrahtes in kg
$2\,P_f$ = zweifache Federkraft (nach Zahlentafel) bei doppelt zurückgelegtem
      Federungsweg in kg

    Bei selbstgewickelten Schraubenfedern ist es ratsam — wenn die
errechnete Federkraft sich praktisch bestätigen und auch konstant
zeigen soll — diese strohgelb anzulassen und in $21°$ warmem Wasser
abzuschrecken. Sollten bei den gegliederten P-Werten in der Zahlentafel sich keine der gewünschten Werte finden lassen, dann müssen diese
durch angegebene Gleichungen errechnet werden, z. B. für Schraubenfedern:

Gewünscht: $P = 0{,}9$ kg (statt $0{,}4$ kg)
               $r = 5{,}5$ mm; $f = 7$ mm (statt 10 mm)
               $n = 20$ Windungen
Gesucht: $d = $ Draht-$\varnothing$?

Tafel IV. *Draht-, Band- und Blattfederzug*

Stahldraht ohne Stahlband				Schraubenfeder				Blattfeder				
					$f=5$	$f=10$						
$d\varnothing$	F	▭	P	r	n	n	P	δ	b	l	f	P
0,3	0,07	—	9,10	2,35	15	30	0,027	0,05	10	21	17,64	0,01
0,4	0,125	$1 \times 0,125$	16,25	2,8	15	30	0,05	0,1	10	21	8,82	0,05
0,5	0,196	$1 \times 0,2$	25,48	3,25	15	30	0,078	0,15	10	21	5,88	0,11
0,6	0,282	$1,5 \times 0,2$	36,73	3,7	15	30	0,133	0,2	10	21	4,41	0,2
0,7	0,384	$1,5 \times 0,25$	50,0	4,15	15	30	0,174	0,25	10	21	3,53	0,31
0,8	0,5	$2 \times 0,25$	65,0	4,6	15	30	0,218	0,3	10	21	2,94	0,45
0,9	0,636	$2 \times 0,3$	82,7	5,05	15	30	0,331	0,4	10	21	2,2	0,8
1	0,785	$2,5 \times 0,3$	102,1	5,5	15	30	0,4	0,5	10	21	1,76	1,25
1,5	1,767	$3 \times 0,6$	209,73	6	15	30	1,5	0,6	10	21	1,47	1,8
2	3,141	$5 \times 0,6$	408,4	6,25	15	30	5,68	0,7	10	21	1,26	2,45
2,5	4,908	$7 \times 0,7$	638,13	6,5	15	30	12,3	0,8	10	21	1,1	3,2
3	7,068	$10 \times 0,7$	919,0	6,75	15	30	22,82	0,9	10	21	0,98	4,05
3,5	9,621	10×1	1250,7	7	15	30	56,874	1	10	21	0,88	5,0
4	12,57	$10 \times 1,25$	1634,1	7,25	15	30	87,348	1,2	10	21	0,735	7,2
4,5	15,9	$10 \times 1,6$	2067,5	7,5	15	30	127	1,5	10	21	0,588	11,2
5	19,63	10×2	2552,0	8	15	30	158,7	2	10	21	0,441	20

d Stahldraht $\varnothing$ in mm
F Flächeninhalt in mm²
P Zugkraft in kg
$P = F\,\sigma_{zul}$
$\sigma_{zul} = 120 \ldots 130 \text{ kg/mm}^2$

r Federhalbmesser in mm
n Anzahl d. Windungen
f Federungsweg in mm
$$f = \frac{P\,r^3\,n}{d^4\,c}$$
$c = 120 \ldots 130 \text{ kg/mm}^2$

l Federlänge 21 mm
b Federbreite 10 mm
δ Federdicke in mm
$$P = \frac{\sigma\,b\,\delta^2}{6\,l} \quad \text{in kg}$$
$$f = \frac{2\,\sigma\,l^2}{3\,E\,\delta} \quad \text{in mm}$$

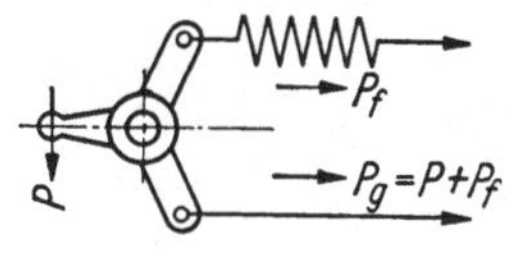

Abb. 26 a.

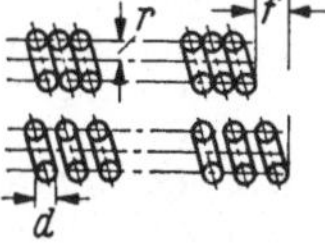

Abb. 26 b.

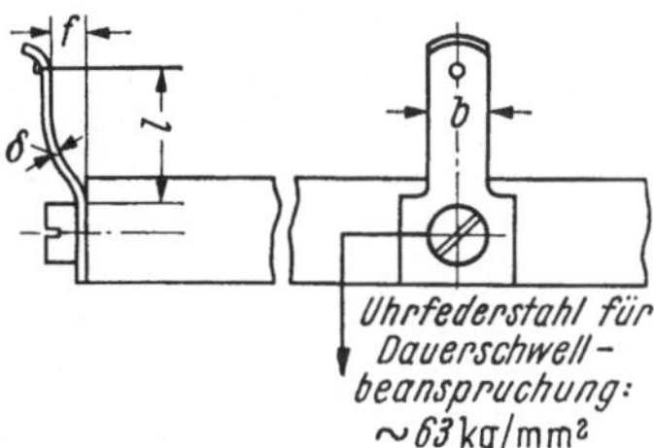

Abb. 26 c.

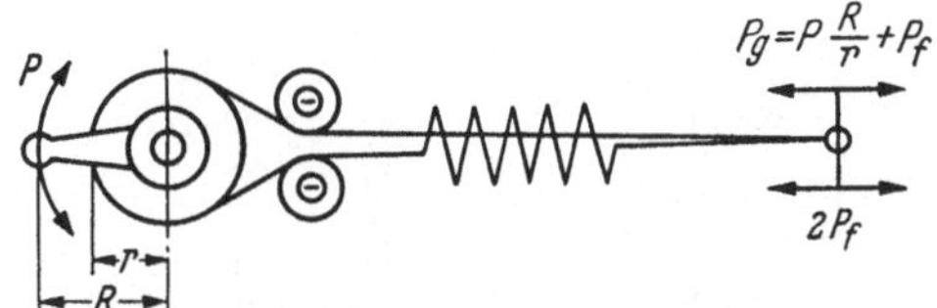

$$P_g = P\,\frac{R}{r} + P_f$$

Abb. 26 d.

Anmerkung: Näheres über Blatt- und Schraubenfedern siehe DIN 2076 und 2089.

Lösung: Gleichung nach „d" aufgelöst ergibt

$$d = \sqrt[4]{\frac{P\,r^3\,n}{f\,c}} = \sqrt[4]{\frac{0,9 \cdot 5,5^3 \cdot 20}{7 \cdot 130}} = \sqrt[4]{\frac{2994,75}{910}} = \sqrt[4]{\sim 3,3} = 1,35 \text{ mm} \varnothing$$

(statt 1 mm).

Für die Blattfeder folgt:

Gewünscht: $P = 0,9$ kg (statt 0,4 kg)
             $b = 1$ cm; $f = 0,7$ cm
             $l = 2,1$ cm (Federlänge)

Gesucht: $\delta = $ Federdicke, die nach folgendem Beispiel zu ermitteln ist.

Lösung: Zunächst sind die Tafelwerte vorzuziehen. Bei großen Differenzen zwischen Ist- und Sollwert ist die Blattfeder nach folgendem Beispiel:

Beispiel: Gegeben sind:

$$\begin{aligned}
\text{Federlänge} \quad l &= 21 \text{ mm (siehe Tafel IV)} \\
\text{Federbreite} \quad b &= 10 \text{ mm} \\
\text{Federweg} \quad f &= 2{,}2 \text{ mm} \\
\text{Federdicke} \quad \delta &= 0{,}4 \text{ mm}
\end{aligned}$$

Nach der Zahlentafel IV ergibt sich

$$P = \frac{\sigma\, b\, \delta^2}{6\, l} = \frac{63 \cdot 10 \cdot 0{,}4^2}{6 \cdot 21} = \frac{100{,}8}{126} = 0{,}8 \text{ kg},$$

und der hierzu gehörende Federweg ist

$$f = \frac{2\,\sigma\, l^2}{3\, E\, \delta} = \frac{2 \cdot 63 \cdot 21^2}{3 \cdot 21000 \cdot 0{,}4} = 2{,}2 \text{ mm}.$$

Tafel V. *Leitrollen mit feststehenden Achsen.*

einrillig

d	Da	b	T	w
0,3	6	1,2	0,5	2
0,4	8	1,2	0,6	2,5
0,5	10	1,2	0,7	3
0,6	12	1,8	0,8	3
0,7	14	1,8	0,95	4
0,8	16	1,8	1,1	4
0,9	18	1,8	1,2	4,5
1	20	2,5	1,4	1
1,5	30	3,5	2	7,5
2	40	4,5	2,7	10
2,5	50	5,5	3,4	13
3	60	6,5	4	15

Gewinderillig

d	Da	b	Stg	w
0,3	6	2	0,5	2
0,4	8	2	0,6	2,5
0,5	10	2	0,7	3
0,6	12	2,3	0,8	3
0,7	14	2,3	0,95	4
0,8	16	3	1,1	4
0,9	18	3	1,2	4,5
1	20	4	1,4	5
1,5	30	5,5	2	7,5
2	40	7	2,7	10
2,5	50	8,5	3,4	13
3	60	11,5	4	15

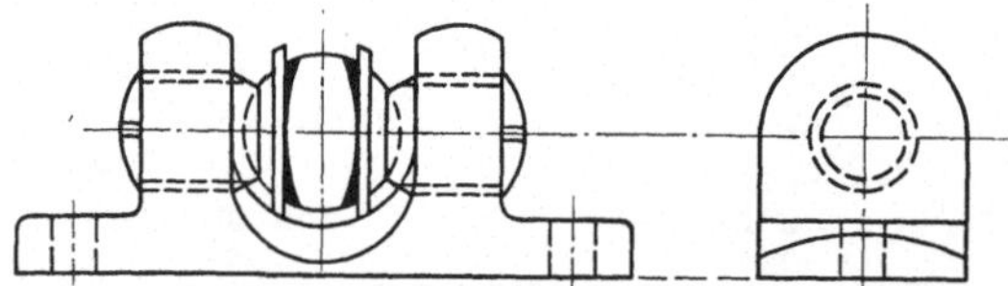

Schwenkbare Leitrolle für pendelndes Stahlband. Ausschlag 18°.

Zu Tafel V. Leitrollen mit feststehenden Achsen.

Zur Unterbringung von Leitrollen, die den üblichen Werkzeugaufbau nicht durch Zugdrähte beeinträchtigen dürfen, wird eine Zwischenplatte von etwa 10 ··· 18 mm Dicke benötigt. Die Zwischen-

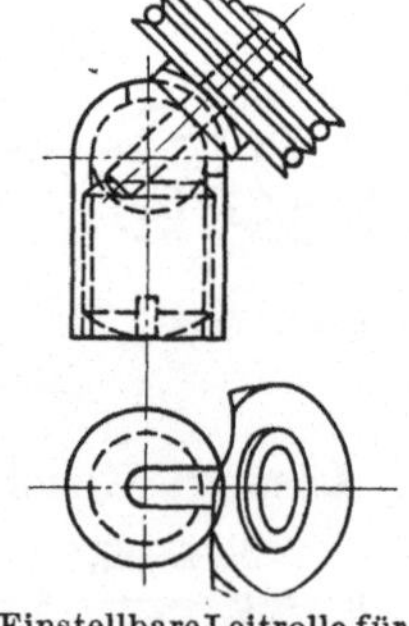

Einstellbare Leitrolle für kreuzende Zugdrähte. Einstellbarkeit 90°.

platte bietet beim Bau von V-Werkzeugen eine Reihe von Vorteilen, die nicht zu unterschätzen sind. Zunächst hat man einrillige und gewinderillige Leitrollen zu unterscheiden, erstere sind dazu bestimmt, die Zugdrähte seitlich innerhalb des Zwischenplattenbereichs unterzubringen. Letztere werden auf derselben Achse wie die einrilligen, aber unabhängig drehbar angeordnet. Dadurch ist mit wenig Platz auszukommen. Durch die Anwendung der Rollenpaare kann man Zugdrähte eng aneinanderlaufen lassen. Das hat den beachtlichen Vorteil, daß das eine Drahtende mit einer Schraubenfeder verbunden werden kann, durch die das andere Drahtende hindurchgeht, so daß man beide Drahtenden zugleich ziehen oder getrennt wirken lassen kann. Alle Leitrollen können ebenso als Zugrollen verwendet werden, wenn der Zugdraht an ihnen verstiftet wird. Bei pendelnden Zugdrähten oder Stahlbändern sind je nach den auftretenden Zugkräften doppellagerige oder in Kugellagern schwenkbare Leitrollen anzuwenden.

Drahtzugelemente (Abb. 27a bis k).

Die Eigenheiten der Drahtzugelemente sind zu berücksichtigen, damit die Zugdrähte keine Drahtbögen bekommen und nicht von ihren Laufrichtungen abweichen. Hierzu sind folgende Maßnahmen zu treffen (vgl. Abb. 27):

Zu a). Wandern vor- und rückwärts laufende Zugdrähte mit einem eingeschlossenen Drahtwinkel bis zu 90° über Leitrollenpaare, so sind die Leitrollenpaare einrillig vorzusehen.

Zu b). Schließt bei zwei Zugdrähten, die über Leitrollenpaare geführt werden, der eine einen Drahtwinkel unter 90° ein, der andere einen Winkel über 90°, so ist für den Winkel unter 90° eine einrillige für den größeren Winkel eine gewinderillige Leitrolle zu bevorzugen. Ob das Gewinde rechts- oder linksgängig auszuführen ist, hängt von der Umwindungsrichtung des Drahtes über die Leitrolle ab. Die Drahtkanäle in der Zwischenplatte fallen klein aus, wenn sich die Zugdrähte möglichst dicht nebeneinander bewegen. Bei der Abgeschlossenheit der Kanäle wird das Eindringen von Stanzabfällen verhindert und Behinderungen der Zugdrähte treten nicht auf.

Zu c). Zugrollen bis zu einem Übersetzungsverhältnis 2 : 1 sind mit Gewinderillen auszuführen. Dabei erhält die große Rolle seitlich am Übergang eine eingefeilte Drahtnut. Beide Rollen sind zu verstiften, damit sie sich nicht gegeneinander verdrehen.

Zu d.). Je nach Größe der Zugelemente und Bewegungsfreiheit der Zugdrähte sind die Leitrollen entweder von oben oder von unten in die Zwischenplatte einzusenken. Die Rollenachse hat Festsitz.

Zu e). Soll der Zugdraht außerhalb des Unterwerkzeuges nach unten oder nach oben geleitet werden, so kommt die Ausführung (e) in Frage, bei der die Leitrollen senkrecht zur Zwischenplattenebene stehen. Ist P die Zugkraft im Draht, und 1,41 P die Belastung der Rolle, so ergibt sich der Durchmesser der Achse $d = \sqrt{\dfrac{1,2\,P}{\tau_{zul}}}$ und der Abstand der Lagerstifte $E = 2d + b$ (b = Rollendicke). Auch hier sind Rollen mit Gewinderillen zweckmäßig.

Zu f). Die Ausführung wird nur angewendet, wenn für die Schaltelemente außerhalb des Werkzeuges ein großer Abstand benötigt wird.
Im übrigen gilt das unter (e) Gesagte.

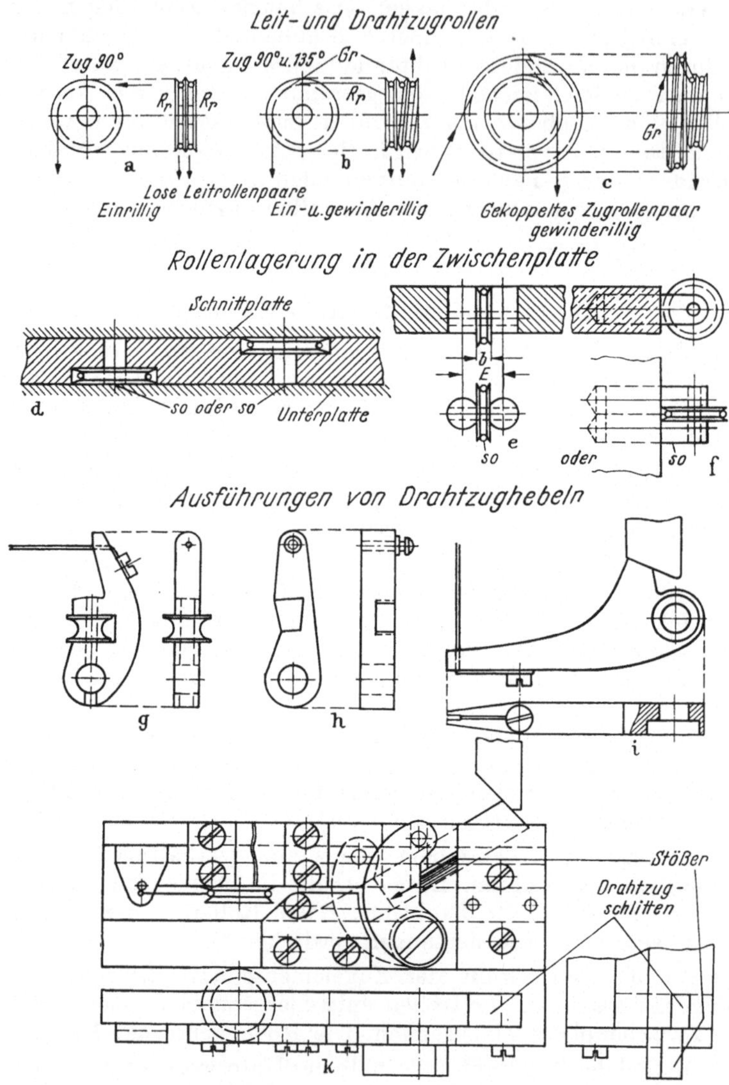

Abb. 27a bis k. Drahtzugelemente.

Zu g) bis i). Die Zughebelausführung hängt von der waagerechten
und senkrechten Belastung ab.

Zughebel (g) kann bis zu ~ 200 kg,
Zughebel (h) kann bis zu ~ 150 kg,
Zughebel (i) kann bis zu ~ 150 kg

belastet werden. Ausführung (*g*) arbeitet am leichtesten. Die Rollen-achse wird von außen durch den Drehpunkt des Hebels eingeführt und dann fest eingeschlagen. Das verbleibende Loch dient als Schmierloch.

Zu k). Dieser Schalthebel dient zur Betätigung eines Drahtzug-schlittens, der Hebel ist aus T-Profil hergestellt und beide Teile sind im Einsatz gehärtet. Die Bewegung des Schalthebels wird ermöglicht durch die Zunge des Stößers, die gegen den Hebel drückt und auch die Kraft vom Keiltriebstempel weitergibt.

Drahtzüge und Drahtbefestigungen (Abb. 28).

Durch Verknoten der Zugdrahtstränge laufen die Drähte besser dicht nebeneinander. Abb. 28a zeigt, wie durch die Zugkraft der Draht-knoten fester geschlossen wird. So können die Drahtkanäle, die in der

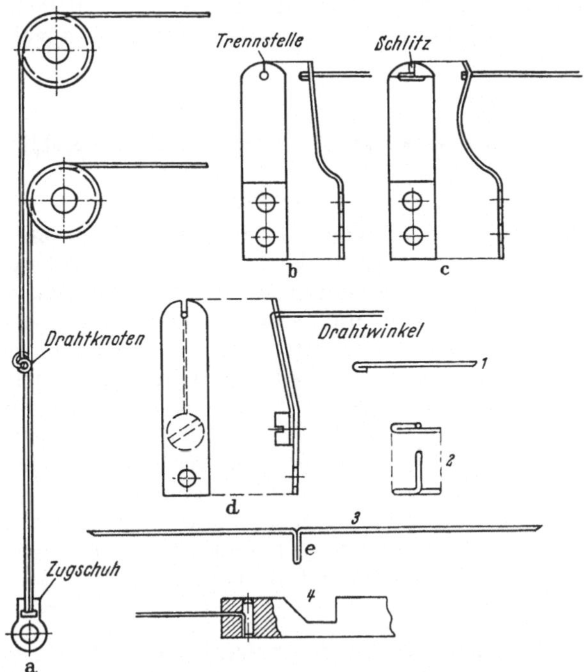

Abb. 28. Drahtzüge und Drahtbefestigungen.

Zwischenplatte auszuhobeln sind, recht schmal werden. Für einen ge-meinsamen Zug sind Drähte mit geschlungenem Haken in einem Zug-schuh zu vereinen und am Zughebel einzuhängen. Sind mehr als zwei Drähte zu vereinen, so sind sie abwechselnd oben und unten in der Zwischenplatte unterzubringen und nebeneinander am Zughebel zu be-festigen. Soweit dadurch die Zughebelarme verkürzt werden, sind die Steuerschrägen an den Zugelementen entsprechend steiler auszuführen. Alle Drähte sind an Federn oder Festpunkten so anzumachen, daß sie bei Werkzeugreparaturen zu lösen sind. In Abb. 28 b ist die Blattfeder oberhalb des Loches durchgetrennt, damit der Zugdraht durch das Öffnen der Trennstelle eingeführt werden kann. Abb. 28 c zeigt eine andere Drahtbefestigung an einer Blattfeder. Hier ist in der Blattfeder ein Schlitz bis zum Drahtloch vorgesehen. Daher muß dem einzuhängenden Zugdraht eine T-Form gegeben werden, damit der Draht sich über das Loch der Feder doppelschenkelig legen kann. Die Drahtbefestigung nach Abb. 28 d ist leicht zu lösen. Der Zugdraht geht vom Zugelement über den kurzen Schlitz der Blattfeder bis zur ersten Befestigungsschraube. Drahtwinkel für Befestigungen sind in Abb. 28 e dargestellt. Abb. 28 e *1* und *2* eignen sich für Blattfedern und Druckplatten auf Schraubenfedern, e *3* für Rundelle und Zugrollen, e *4* für Steuerschieber und dgl. Der Drahtwinkel e *4* wird im Schieber selbst gebildet. Nach Einfädeln des Zugdrahtes in den Steuerschieber wird der Winkel mit einem Durchschlag durch das Stiftloch nach unten gebogen und erhält dann seinen Festsitz durch einen abgeflachten Stift.

E. Anwendung von Drahtzügen.

Allgemeines.

Wo Drahtzüge angewendet werden, haben sie als zuverlässige Arbeitsmittel ihre Leistungsfähigkeit bewiesen. Durch Drahtzüge konnten Neukonstruktionen geschaffen werden, die nicht auf andere Weise an Einfachheit, Billigkeit und Zuverlässigkeit zu übertreffen sind. Sogar wenn Drahtzüge dem Wetter ausgesetzt werden, haben sie sich gut bewährt. Warum sollten sie sich in Werkzeugen nicht bewähren? Es kommt besonders darauf an, daß die Größenverhältnisse von Rollen- und Drahtdurchmesser nach Tafel V nicht unterschritten werden. Die Drahtverbindung muß sicher sein, sie muß sich bei Werkzeugreparaturen lösen lassen und trotzdem verwendungsfähig bleiben. In welcher Weise die Drahtzüge bei V-Werkzeugen Anwendung finden, und welche Drahtbefestigungen zu empfehlen sind, wird in diesem Abschnitt mit bildlichen Darstellungen behandelt.

Drahtzug für Einstempelsteuerung (Abb. 29).

Bewegliche Unterstempel, die größeren Verformungskräften gut standhalten, waren bisher zu unförmig und können jetzt leichter gebaut werden. Das ist am vorteilhaftesten mit einer 10 bis 18 mm dicken Zwischenplatte zwischen Schnitt- und Unterplatte zu ermöglichen. Alle Leit- und Zugrollen lassen sich in der Zwischenplatte unterbringen, ebenso wie die Nuten, in denen sich die Zugdrähte bewegen lassen, ohne zu stören. Abb. 29 zeigt, wie ein Unterstempel durch Drahtzug und Schieber bewegt wird. Der Zugdraht ist seitlich mit dem Unterstempel verstiftet und geht nach unten über die Blattfeder bis zu der Befestigungsschraube. Dort ist er nötigenfalls bei Werkzeugreparatur zu lösen, der Unterstempel ist herauszunehmen und wieder einzusetzen. Dieser Stempel hat unten eine 45°-Schräge für die Aufwärtsbewegung bis zur Stanzstellung und nimmt auch die Verformungskraft beim Stanzen mit der halben Querschnittsfläche auf. Der Schieber liegt

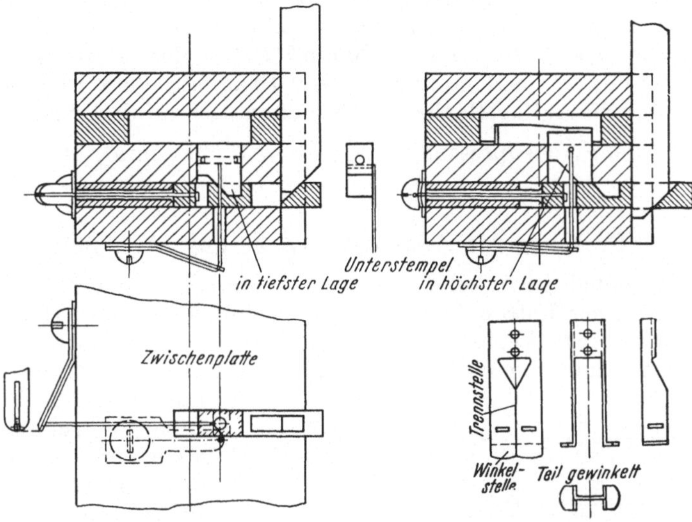

Abb. 29. Anwendung von Drahtzügen, Drahtzug für Einstempelsteuerung.

in Höhe der Zwischenplatte, er wird geführt in einem aus der Zwischenplatte herausgearbeiteten Durchbruch und wird durch die Schnittplatte abgedeckt. Der Unterstempel hat das Gegenprofil zum Schieber und wird durch den Zugdraht der Blattfeder und den Keiltrieb bewegt.

Kräftebedarf bei den Arbeitswegen.

Die Flächen des Doppelwinkelbockes Abb. 29a haben die Abmessungen:

$$\text{Schenkellängen} \ldots \ldots l = 4 \text{ mm,}$$
$$\text{Breite} \ldots \ldots b = 13 \text{ mm,}$$
$$\text{Blechdicke} \ldots \ldots \delta = 1 \text{ mm,}$$
$$\text{Eisenblech} \ldots \ldots \sigma_b = 4000 \text{ kg/cm}^2.$$

Biegekraft des U-Winkels: $P_0 = 2 \dfrac{W \sigma_b}{l} = 2 \dfrac{0,166 \cdot 1,3 \cdot 0,1^2}{0,4} \cdot 4000 = 43 \text{ kg;}$

Reibung: $P_1 = \mu P_0 = 0,15 \cdot 43 = 6,5 \text{ kg;}$
Gesamtkraft einschl. Sicherheitszuschlag $P_2 \approx 50 \text{ kg;}$
Federzug: $0,2 P_2 = 0,2 \cdot 50 = 10 \text{ kg;}$
Blattfeder nach Tafel IV mit 11,2 kg gewählt.

Der Zugdraht für 10 kg Zugkraft wird nach Tafel IV als nächstliegender Wert 16,25 kg mit 0,4 mm ⌀ gewählt. Nun ist der Hub beim Oberstempel 12 mm, beim Unterstempel 6 mm, die Bewegung des Steuerschiebers 12 mm, die Dicke der Zwischenplatte 10 mm und die der Führungsleisten 12 mm. Bei halbem Hub des Oberstempels muß der Unterstempel seine höchste Stellung erreicht haben, um nicht den Zugdraht der ganzen Biegekraft auszusetzen. Mit 6 mm Aufwärtsbewegung hat er die Höchststellung eingenommen, und nun setzt die Biegekraft ein, während der Unterstempel bei der weiteren Oberstempelbewegung über die Oberfläche des Steuerschiebers hinweggleitet und der Draht die Federzugkraft von 16,25 kg übernimmt. Würde die Oberfläche des Teiles von ~130 mm² außer der Verformungskraft von 50 kg mit einem Regulierdruck von 10 kg/mm² zusätzlich belastet, so wäre für die Auflagefläche des Unterstempels auf dem Schieber von 78 mm² die Flächenpressung $\frac{1300+50}{78} \approx 17,3$ kg/mm², also zulässig.

Drahtzug für Zweistempelsteuerung (Abb. 30).

Das dreimal gewinkelte Teil aus 0,15 mm dickem Messingblech — ähnlich einer Lötösenbefestigung — benötigt zu seiner Herstellung nur ganz geringe Verformungskräfte. Hier wird das Aufwärtsbiegen bevorzugt, damit die Blechstreifenfläche nach der Schnittplattenseite hin eben bleibt und keine Vorschubhindernisse entstehen, was beim Biegen nach unten zu befürchten ist. Zum besseren Verstehen der bildlichen Darstellung und der Arbeitsvorgänge bedarf es noch einer näheren Erläuterung. Nachdem das Formumschneiden der T-Fläche vorgenommen ist, wandert der Blechstreifen über den ersten U-förmigen Unterstempel, der beide T-Lappen des Teiles nach oben biegt. Der folgende Streifenvorschub ist im Leerlauf, bei dem nächsten wird rechtwinklig zu den Lappen gebogen.

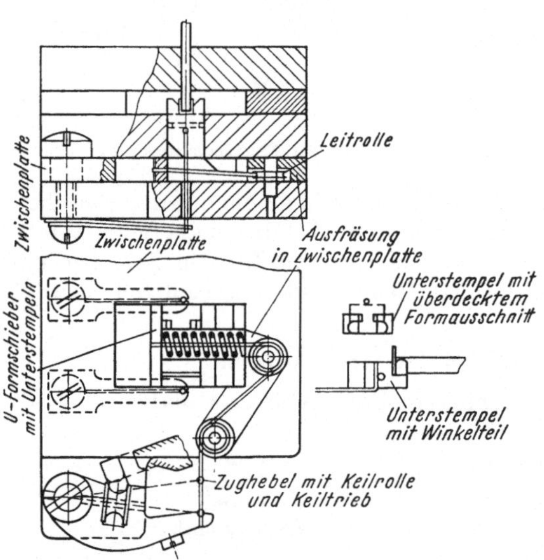

Abb. 30. Drahtzug für Zweistempelsteuerung.

Beide Unterstempel werden bewegt durch Keilflächen und seitlich angebrachte Zugdrähte, die nach unten über ihre Blattfedern zu den Befestigungsschrauben gehen. Der U-förmige Steuerschieber wird in einem in der Zwischenplatte eingearbeiteten Durchbruch von der Schnittplatte überdeckt geführt. Der Schieber wird in der Mitte durch eine Schraubenfeder stets nach links in die Anfangsstellung gedrückt und hat zwei Keilflächen zum Heben der Unterstempel. Der Federkraft entgegen wird der Schieber durch einen Draht bewegt. Der Draht läuft vom Zughebel über zwei Leitrollen durch einen in die Zwischenplatte eingefrästen Kanal. Diese Bewegung des Hebels wird von einem im Stempelkopf untergebrachten Triebkeil eingeleitet.

Kraftbedarf für die Arbeitswege.

Die Abmessungen des Dreiwinkelteiles sind:

$$\begin{aligned}
\text{Schenkellängen} \quad & l = \quad 5 \text{ mm,}\\
\text{Breite} \quad & b = \quad 5 \text{ mm,}\\
\text{Blechdicke} \quad & \delta = 0{,}15 \text{ mm.}
\end{aligned}$$

Werkstoff: Messingblech $\sigma_b = 1800 \text{ kg/cm}^2$.

Es ergibt sich für zwei Winkel eine Biegekraft:

$$P_0 = 2\,\frac{W\,\sigma_b}{l} = 2\,\frac{0{,}5 \cdot 0{,}015^2 \cdot 1800}{6 \cdot 0{,}5} \approx 0{,}13 \text{ kg,} \quad \text{für den 3. Winkel } 0{,}065 \text{ kg,}$$

$P_1 = 0{,}13 + 0{,}065 = \sim 0{,}2$ kg und für die Reibung $\mu\,P_1 = 0{,}03$ kg.

Die Gesamtkraft ist:

$$P_2 = 0{,}2 + 0{,}03 = 0{,}23 \text{ kg.}$$

Federkraft: $0{,}2\,P_2 = 0{,}046$ kg; wegen der Kleinheit der Zugkraft wird nach Tafel IV eine Feder für $0{,}050$ kg gewählt.

Die Kraft im Zugdraht ist: $P_3 = 0{,}23 + 0{,}050 = 0{,}28$ kg. Nach Tafel IV wird der Drahtdurchmesser 0,3 mm gewählt. Der Hub des Unterstempels ist 6 mm, der des Oberstempels 8 mm, die Dicke der Führungsleisten 8 mm und die Bewegung des U-förmigen Steuerschiebers 12 mm.

Die Abmessungen des Zughebels sind:

großer Hebelarm $R = 50$ mm (Zugstelle des Drahtes),
kleiner Hebelarm $r = 18$ mm (Druckstelle in der Rolle),

der Druckweg an der Steuerrolle für die halbe Oberstempel- oder Triebkeilbewegung (4 mm) ist $x = 18\,\dfrac{6}{50} = 2{,}16$ mm, daraus ergibt sich die Steigung des Triebkeiles $\operatorname{tg}\alpha = \dfrac{2{,}16}{4} = 0{,}54$, $\alpha = 29°$. Um die Achse der Rolle abzuscheren, ist eine Kraft von $P = 2\,\dfrac{d^2\,\pi}{4}\,\tau_m = 2\,\dfrac{3^2\,\pi}{4}\,60 \approx 848$ kg erforderlich. Da diese errechnete Kraft weit über den auftretenden Kräften liegt, brauchen wir die Ungleichmäßigkeit der Spannungsverteilung über den Querschnitt nicht zu berücksichtigen.

Drahtzug für Dreistempelsteuerung mit Auswerfer (Abb. 31).

Die Frage ist berechtigt, warum hier das Aufwärtsziehen angewendet wird, wogegen anzunehmen ist, daß Abwärtsziehen ebenso gut geeignet wäre. Zum Vergleich der Ziehmethoden sind besonders bei kleineren Ziehteilen die konstruktiven Vor- und Nachteile abzuwägen. Sofern die Stückzahlen größer werden, sollen alle von Hand bedienten Werkzeuge mit Vorschubvorrichtungen einzurichten sein, um eine Leistungssteigerung zu erreichen. Auf alle Fälle setzt dies einen störungsfreien Streifentransport voraus. Durch die stufenweise Entwicklung der Teile ist bedingt, daß lange Blechstreifen bei V-Werkzeugen üblich sind. Dabei werden die Teile mehr oder weniger durchgebogen. Die Gefahr des Streifenverfangens ist bei mehreren Durchbrüchen in der Schnittplatte zu groß, um mit einer Vorschubvorrichtung einwandfrei arbeiten zu können. Im Beispiel nach Abb. 31 liegt die Unebenheit über der Streifenfläche, daher sind die Vorschubhemmnisse so gut wie ausgeschaltet und dies um so mehr, weil im Augenblick des Vorschubes alle Unterstempel mit der Ebene der Schnittplatte abschneiden.

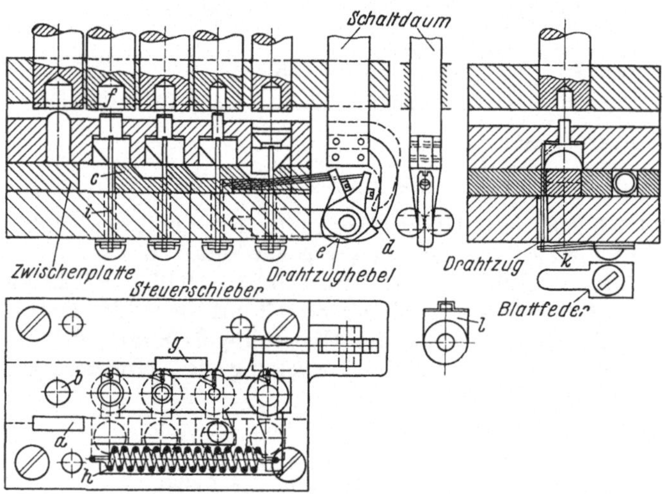

Abb. 31. Drahtzug für Dreistempelsteuerung mit Auswerfer.

Wie aus Abb. 31 zu ersehen ist, werden die Unterstempel so gesteuert, daß sie beim Auftreten der Kraft — bei dem die Anzahl der Stempel verschieden sein kann — einen sicheren Stand durch ihre Stützflächen auf dem Schieber haben. Die gute Anordnung der beweglichen Unterstempel ist nur mit Hilfe von Drahtzügen auszuführen. Besonders hervorgehoben sei, daß diese Drahtzüge nur für den Leerlauf der Werkzeugorgane bestimmt sind. Daher verursacht die einseitige Zugdrahtanordnung keine störenden Stempelbewegungen und keine Eckmomente. Alle Stempel, die sich im Steuerschieber befinden, sind gleich groß, während die aus der Schnittplatte herausragenden Stempel verschieden groß sind und nach dem kleinsten Ziehdurchmesser hin stetig höher werden. Die vorstehenden Längen sind rechnerisch zu ermitteln, und daraus ist die Dicke der Zwischenplatte festzulegen. Soweit die Teile noch mit dem Streifen zusammenhängen, werden sie nach Beendigung der Arbeitsgänge ausgeschnitten. Wie Abb. 31 zeigt, stößt der schiebergesteuerte Auswerfer, der beim Streifentransport nach oben geht, die Teile aus der Schnittplatte. Die Arbeitsweise des Werkzeuges ist folgende:

1. Arbeitsgang. Nach dem Einführen des Blechstreifens in das Werkzeug schneidet der 1. Seitenschneider (*a*) und gleichzeitig wird der Blechstreifen bei (*b*) vorgebeult. Nachdem die Oberstempel halb aufwärts bewegt sind, wird der Blechstreifen vorgeschoben, und der Steuerschieber (*c*) wird von der Schraubenfeder (*h*) in seine Anfangsstellung zurückgezogen. Auch alle Unterstempel werden durch ihre Zugdrähte (*i*) und Blattfedern (*k*) zurückgezogen.

2. Arbeitsgang. Alle Unterstempel befinden sich zuerst in ihren Rastenstellungen in der tiefsten Lage. Der Steuerschieber (*c*) wird durch den Schaltdaumen (*d*) und den Drahtzughebel (*e*) so gezogen, daß schon auf halbem Abwärtsweg der Oberstempel alle Unterstempel ihre Stützflächen auf der Steuerschieberoberseite eingenommen haben. Jetzt findet die Umformung der Blechbeule (*b*) zum 1. Zylinderzug (*f*) statt.

3. und 4. Arbeitsgang. Die gleichen Vorgänge wie im 2. Arbeitsgang wiederholen sich. Außerdem schneidet der 2. Seitenschneider (*g*).

5. Arbeitsgang. Teil (*1*) wird aus dem Streifen geschnitten und mit dem Auswerfer (*m*) zwangsläufig durch die nach rechts verlaufende Steuerschräge (*n*) im Schieber hinausgestoßen. Der Auswerfer wird wie die anderen Unterstempel durch Zugdraht und Blattfeder zurückgezogen.

Zu beachten. Anhaltspunkte für die Abmessungen des Steuerschiebers und für die unteren Absätze der Unterstempel sind in Abb. 32 gegeben. Sie sind als Richtwerte zu betrachten. Alle Unterstempel sind gehärtet strohgelb anzulassen, während der Steuerschieber ungehärtet bleibt. (Werkstoff: Kohlenstoffstahl). Der Weg des Steuerschiebers verhält sich zum Weg des Oberstempels wie 2 : 1, günstiger wäre 2,2 : 1, und kann auch vergrößert werden. Mit diesem Verhältnis sind bei Übersetzungszugrollen auch die Zughalbmesser (*R : r*) — Zughalbmesser zu Übertragungshalbmesser — festzulegen. Die Abmessungen des Zughebels hängen auch von der Reibungskraft 0,15 *P* ab und sind nach Festigkeitsgrundsätzen zu bestimmen. (Siehe die Beispiele und Abb. 32.)

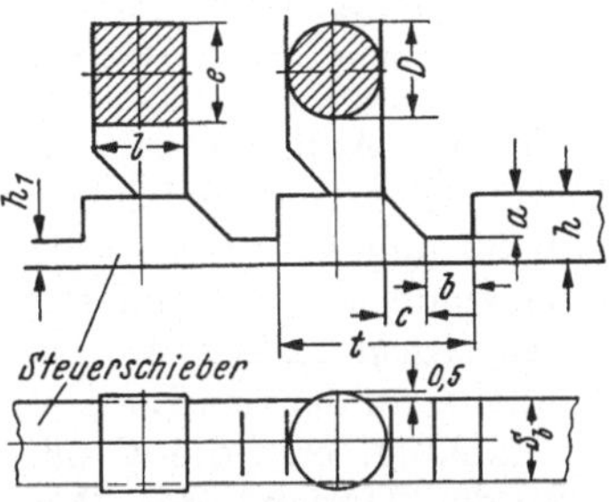

Abb. 32. Konstruktionsschema für Steuerschieber und Unterstempel.

a = Ziehlänge des fertigen Teiles; $a + b + c$ sind gleichgroß; $b + c$ = unterer Stempel $\varnothing D$ oder $b + c$ = untere Stempellänge l; e abhängig von der Teilgröße; $h_1 = 0,5\,a$; $h = a + 0,5\,a$; t = Sperrzahnteilung; $0,5\,t$ = Schieberschaltweg; S_b = Schieberbreite = $D - 1$ mm.

Drahtzug für Zweistempel-Rundellsteuerung (Abb. 33).

Die Rundellsteuerung für Unterstempel wendet man bei kreisförmig angeordneten Durchzügen an. Bis zu fünf Stempel sind hier in der Stempelaufnahmeplatte (*a*) unterzubringen und mit einer verschiebbaren Achse (*b*) und Steuerschrägen (*c*) im Rundell (*d*) durch einen Blattfederzug (*e*) zu heben und zu senken. Der Stempel (*f*) steht dadurch fest, daß die Stempelaufnahmeplatte kurz vor dem Durchzugvorgang sich auf den Flächen (*g*) des Rundells abstützt und dadurch die Stempel vor Beschädigungen schützt. Diese Durchzüge werden z. B. für die Vernietung der beiden Rollenhälften bei zweiteiligen Schnurrollen aus Blech angewendet. Das Rundell wird durch einen Zugdraht (*h*) gedreht, der am Rundell bei (*i*) befestigt ist. Die beiden Drahtenden laufen über Rollenpaare. Das eine Ende ist unten an der Schraubenfeder bei (*k*) befestigt, das andere wird von einem außerhalb des Werkzeuges angeordneten

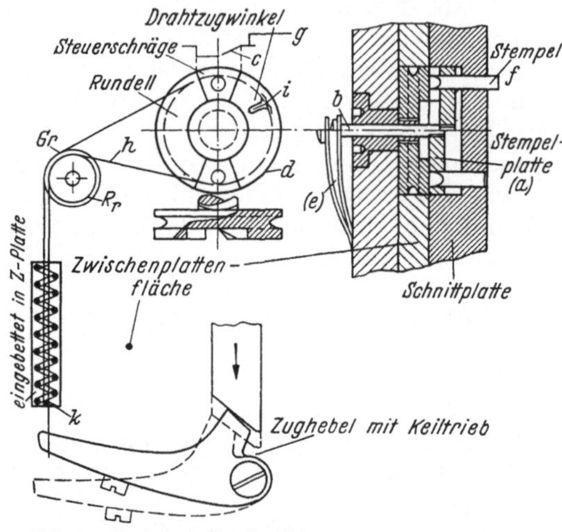

Abb. 33. Drahtzug für Zweistempel-Rundellsteuerung.

Schieber (s. Abb. 27 *k*) oder mit Keiltrieb (Abb. 33) bewegt. Beide Rollendurchmesser sind gleich groß und nur der Verständlichkeit wegen in Abb. 33 ungleich dargestellt. Die Leitrolle, die mit *Gr* bezeichnet ist, ist gewinderillig, die andere mit R_r gekennzeichnete einrillig.

Zu beachten. Wichtig ist die Wahl der Stelle (*i*) am Umfang des Rundells, an der das Loch für den Drahtzugwinkel gebohrt wird. Es ist zweckmäßig, erst die Größe der Rundellbewegung zu ermitteln. Ist z. B. der Umfang des Rundells 100 mm = 360°, der Zugdrahtweg 22 mm, dann ist der Bewegungswinkel des Rundells $\varphi = \dfrac{22 \cdot 360}{100} = 79,5°$.

Dieser Drehwinkel von 79,5° ist unbedingt zwischen der Anlauf- und der Ablaufstelle des Zugdrahtes auf dem Rundell einzuhalten, wenn der Draht von seiner Befestigungsstelle nicht abreißen soll.

Drahtzuganordnung mit Druck- und Zugfeder (Abb. 34).

Um einem Mißlingen von Drahtzuganordnungen vorzubeugen, sei darauf verwiesen, daß in jedem Falle eine Zwischenplatte für V-Werkzeuge vorzusehen ist, in der die Durchbrüche für Schieberführungen, Rundells sowie Laufkanäle der Drahtzüge leicht unterzubringen und gegen das Eindringen von Stanzabfällen zu sichern sind. Die Zwischenplatte bildet mit den Leitrollen ein abgeschlossenes Ganzes. Der Materialverbrauch ist trotz alledem gering. Außerhalb des Werkzeuges angeordnete Drahtzüge sind gegen spielerische Handlungen zu schützen.

Zwei Steuerrundells für Unterstempel sind in Abb. 34 gegenübergestellt. Links im Bilde ist das eine Drahtende an der Druckfederscheibe befestigt, das andere Ende geht durch die Scheibe hindurch und ist fest am Zughebel. Rechts ist die gleiche Anordnung mit einer Zugfeder versehen, hier sind beide Zugdrahtenden am Zughebel anzu-bringen. Beide Ausführungen haben ihre Vorteile. Die linke ist anzuwenden, wenn die Werkzeugkonstruktion es zuläßt, daß man die Druckfeder in der Zwischenplatte des Werkzeuges einbettet. Die rechte ist anwendbar, wenn Zugdraht und -feder sich außerhalb des Werkzeuges befinden (s. Abb. 7). Die in der Zwischenplatte einzuhobelnden Kanäle für Zugdrähte müssen den Drahtabständen entsprechen und laufen in der mittleren Höhe der Zwischenplatte.

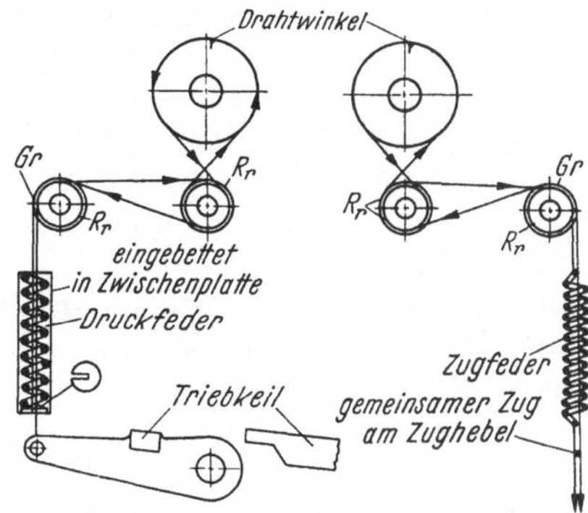

Abb. 34. Drahtzuganordnung mit Druck- und Zugfeder.

Drahtzuganwendung mit gekoppeltem Steuerschieber und Rundell (Abb. 35).

Zur Betätigung mehrerer Zugelemente ist nicht immer für jedes einzelne ein Zugdraht vorzusehen, sondern man kann mehrere an einem Drahtzug teilnehmen lassen. Je weniger Zugdrähte benutzt werden, desto geringer ist der Bedarf an Leitrollen und die Sorge, wie Rollen und Drähte günstig in der Zwischenplatte unterzubringen sind. Schließt der Zugdraht an der Leitrolle einen Winkel größer als 90° ein, so ist eine gewinderillige Leitrolle, über die der Zugdraht mit einem Windungsgang umläuft, zu bevorzugen. Symbolisch sind die Leitrollen in der Darstellung mit $Gr =$ gewinderillig und $Rr =$ einrillig gekennzeichnet. Zum besseren Verständnis sind die Leitrollen in den Durchmessern ungleich dargestellt, haben aber in Wirklichkeit gleiche Durchmesser.

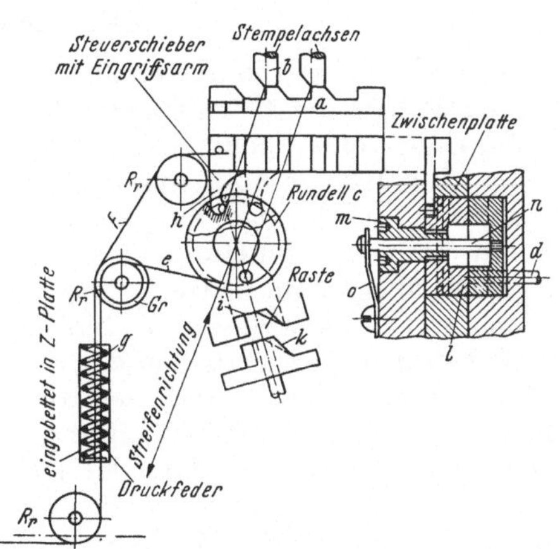

Abb. 35. Drahtzuganwendung mit gekoppeltem Steuerschieber und Rundell.

Arbeitsprinzip. Der Streifen wird durch die zwei unteren Schnittstempel (*b*), die der Steuerschieber (*a*) betätigt, von unten nach oben gelocht (Ausbildung der Unterstempel nach Abb. 31). Beim nächsten Vorschub in der auf dem Bild angegebenen Bewegungsrichtung wandert der Streifen zum Rundell (c), wo beide ausgeschnittenen Löcher mit den Zugstempeln (d) zu niedrigen Zylindermänteln gezogen werden. Das gezogene Trum (Zugdraht e) wird von einem Zughebel mit Keiltrieb (s. Abb. 34) vom Stempelkopf aus betätigt, während der Rückzugdraht (f) von der Schraubenfeder (g) über Leitrollen geht und am Steuerschieber endet. Der Schaltdaumen (h) des Steuerschiebers ist im Eingriff mit dem Rundell und schließt damit den ganzen Bewegungskreis. Das Rundell besteht aus Unter- und Oberteil, das Unterteil als Zugrolle mit zwei Rastenvertiefungen (i), das Oberteil als Aufnahmeplatte für die Schnittstempel mit zwei Rastenerhöhungen (k). Beide Rundelle haben noch gleichverlaufende Steuerschrägen. Das Rundellunterteil (l) ist verschraubt mit der Gewindebüchse (m), die durchbohrt ist und vom Drahtzug bewegt wird. Das Unterteil hebt und senkt mit den beiden Steuerschrägen (i und k) die Achse (n) und durch Blattfeder (o) das Rundelloberteil.

Das Arbeitsverfahren, bei dem die Zylindermäntel nach oben gezogen werden, ist anzuwenden, wenn eine Vorschubvorrichtung vorgesehen ist. Zieht man die Zylindermäntel nach unten, so ist die Arbeitsweise einfacher, die Fertigung wird aber verteuert, weil Handbedienung nötig ist.

F. Werkzeugausführungen.

Allgemeines.

Den Anlaß für die Herstellung von V-Werkzeugen geben in den meisten Fällen die Stückzahlen der Fertigungsteile. Sonderfälle bedürfen dabei einer generellen Entscheidung für eine Werkzeuganfertigung. Im übrigen sollte man sich immer von dem Gedanken leiten lassen, alle Werkzeuge möglichst für Vorschubvorrichtungen einzurichten, um nicht von Handbedienung abhängig zu sein. Man muß dann möglichst alle im Blechstreifen nach unten zu biegenden Flächen vermeiden und sie statt dessen nach oben biegen, weil sich sonst die Blechstreifen in den Durchbrüchen der Schnittplatte verfangen. Mit beweglichen Unterstempeln und den dazugehörigen Zugelementen sowie -drähten ist auch ein mechanisches Betätigen der V-Werkzeuge mit Vorschubvorrichtungen möglich, so daß man den Forderungen der Fertigungstechnik gerecht wird. Im folgenden Abschnitt werden die Vor- und Nachteile der Werkzeugausführungen bei V-Werkzeugen einander gegenübergestellt. Dies gibt Anlaß zu neuen Ideen bei Werkzeugentwürfen.

Fertigungsverfahren mit Zwillingswerkzeugen (Abb. 36/37).

Bei diesem Verfahren werden zwei aus der Werkzeugausgabe entnommene Werkzeuge für Streifenverarbeitung so auf dem Pressentisch festgespannt, daß das kleinere Werkzeug vorn und das größere dahinter zu liegen kommt. Bei dem einen Werkzeug bewegt sich der Blechstreifen von links nach rechts, beim anderen von rechts nach links. Beide Streifen bewegen sich also gegenläufig zueinander. Die Blechstreifen können mit beiden Händen zugleich oder mit zwei Vorschubvorrichtungen betätigt werden. Im letzteren Falle müssen die Werkzeuge

Abb. 36. Blechstreifen in Ruhestellung.

zwei Abfallzerschneider erhalten. Zur gleichzeitigen Ingangsetzung ist ein Einspannkopf für den Pressenstößel erforderlich. Vor dem Einspannen der Werkzeuge sind Blechstücke von der Dicke, die sonst verarbeitet wird, in beide Werkzeuge einzuführen. Nun müssen die Stempel

Abb. 37. Griffbereitschaft der Hände zum Streifenzug.

fest aufsitzen. Das niedrigere der beiden Werkzeuge ist durch Unterlegstücke in der Höhe auszugleichen, damit die Pressenkraft auf beide Werkzeuge gleichzeitig kommt. Die Streifen werden im allgemeinen ebenso verarbeitet wie sonst ein einzelner Streifen. Nachdem die Streifen den beiden Werkzeugen zugeführt sind, werden die Streifen so lange zueinander geschoben, bis sie auf der Werkzeuggegenseite ergreifbar sind. Nun ergreift jede Hand den anderen Streifen, und die Streifen werden während der Verarbeitung mit beiden Händen aus den Werkzeugen herausgezogen. Der Arbeitsvorgang ist aus den beiden Lichtbildern deutlich zu erkennen. In dem einen Bild sind die Blechstreifen in Ruhestellung, in dem anderen Bild sieht man die Hände griffbereit zum Streifenzug. Es ist anzunehmen, daß u. U. die Produktion durch Doppelwerkzeuge bis zu 100% gesteigert werden kann, wodurch die Erzeugnisse um fast 50% zu verbilligen sind. Häufig läßt man kleine Werkzeuge auf schweren Pressen arbeiten, das ist jetzt durch die Anwendung von Doppelwerkzeugen wirtschaftlicher geworden. Vor- oder Nachteile der Doppelwerkzeuge können nur dann wirklich beurteilt werden, wenn mit ihnen praktische Versuche, die keine großen Kosten verursachen, gemacht werden. In erster Linie gebe man Schnittwerkzeugen mit Seitenschneidern den Vorzug. Die Vorschübe der beiden Streifen können sehr unterschiedlich sein. Die Beanspruchung des Kurbelzapfens durch die gleichzeitige Kraftwirkung bei beiden Werkzeugen auf der Presse wird günstiger und die Gefahr einer Schädigung der Presse sehr gering.

Vergleichsmaßstab für Werkzeugentwürfe.

Unter den Verbundwerkzeugen nehmen die Zwillingswerkzeuge eine Sonderstellung ein. Diese aus der Werkzeugausgabe entnommenen Werkzeuge werden paarweise auf dem Pressentisch festgespannt. Sie können in Größe, Kraftbedarf und Streifenvorschub sehr unterschiedlich sein. Man erreicht nicht nur eine Produktionssteigerung durch Werkzeugpaare für Streifenarbeiten mit Handvorschub oder mit zwei Vorschubvorrichtungen und zwei zu verarbeitenden Blechstreifen, man kann auch beim Einlegen die auf dem Pressentisch nebeneinander befestigten Werkzeuge besser ausnutzen als einzeln betätigte Werkzeuge. Eine weitere Möglichkeit ist gegeben, wenn hinter einem Werkzeug für Streifenverarbeitung auf dem Pressentisch ein anderes Werkzeug mit automatischer Zuführungsvorrichtung die Teile von dem vorderen Werkzeug empfängt und weiterverarbeitet. Dies ist eine vielversprechende Aussicht in der Fertigungstechnik. Hieraus ist zu folgern: Doppelwerkzeuge sind mit ihrem Leistungsvermögen als Vergleichsmaßstab für Werkzeugentwürfe anzusehen. Der Vergleich läßt Rückschlüsse auf leistungsfähige Werkzeugbauweisen zu. Wie weit man dabei gehen kann, werden künftige Erfahrungen lehren.

Streifenstabilisierung durch Zwischenlageeinsatz und Biegestempel (Abb. 38).

Das Wichtigste bei V-Werkzeugen ist, die Blechstreifen gerade zu erhalten, um ein Verfangen der Streifen in den Durchbrüchen der Schnittplatte unmöglich zu machen. Für das Stabilisieren des Blechstreifens gibt es zwei Möglichkeiten, entweder sie werden vor ihrer Verarbeitung zwischen zwei Walzen U-förmig gerollt, oder dieses U-Formbilden geht im Werkzeug mit Biegeorganen vor sich. Der Blechstreifen ist bei seiner Verarbeitung als einseitig eingespannter und gleichmäßig belasteter Träger zu betrachten, der durch das Ausschneiden an Schwere verliert, aber infolge hochgebogener Steifenkanten an Stabilität zunimmt. Die hier-durch wachsende Steifigkeit des Blechstreifens läßt die Verwendung von Vorschubvorrichtungen zu.

Zu beachten. Das Augenmerk ist vor allem auf die Auflaufschräge des Zwischenlageeinsatzes zu legen. Die Schrägen fallen in zwei Richtungen, zum Seitenschneider hin und rechtwinklig dazu, zur Schnittplattenebene ab. Vor dem Einführen des Blechstreifens in das Werkzeug sind die beiden Streifenecken an der Unterseite schräg nach oben anzuflächen, um ein gutes Aufwärtsgleiten zur Höhe des Biegeeinsatzes zu gewährleisten. Im übrigen sind die Angaben zu berücksichtigen, die der Abbildung beigegeben sind.

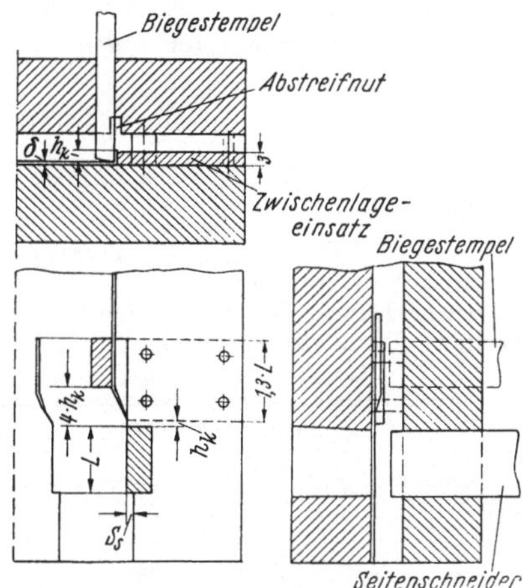

Abb. 38. Streifenstabilisieren mit Zwischenlageeinsatz und Biegestempel.
Kantenhöhe des Streifens $h_k =$ bis $5 \cdot \delta$; Seitenschneiderabschnitt $S_s = n$. Diagr. (s. Bd. 1); Länge des Seitenschneiderabschnitts $L = T_l + Z m = V_s$ (Vorschub); Breite des Einsatzstückes $L_1 = 1{,}3 \cdot L$; Abstand des Einsatzstückes v. Seitenschneider $= h_k$; Länge der Auflaufschräge $h_s = 4 \cdot h_k$;

1. Werkzeugvergleich.

V-Werkzeuge für Lötschwanzklammern (Abb. 39).

Fertigungsteil: Lötschwanzklammer.

Ausführung:	alt	neu
Vorzug:	—	hier
Werkzeugkosten:	teuer	billiger
Geeignet für:	Handvorschub	Handvorschub und Vorrichtung
Teilfertigung:	mit Arbeitskraft	automatisch
Art der Verbesserung:	Zwischenlageeinsatz mit Biegestempel	

Werkzeugkritik. Bei dem Vergleich der alten Werkzeugausführung mit der neueren Bauweise ist unzweifelhaft in der Anfertigung und Handhabung des Werkzeuges eine Verbilligung und Verbesserung festzustellen. Die Vorteile der neueren Bauweise sind aus folgender Gegenüberstellung ersichtlich.

Es werden benötigt:

für die alte Ausführung   für die neue Ausführung

beim 1. Streifenvorschub

ein Seitenschneider   ⎫
ein Formumschneidestempel ⎬   hier ebenfalls

2. Streifenvorschub

zwei Vorlocher	zwei Vorlocher und ein Zwischenlage-einsatz
ein Biegestempel	ein Biegestempel
Teilschenkel U-förmig nach *unten* zu biegen	Teilschenkel U-förmig nach *oben* zu biegen

3. Streifenvorschub

ein Biegestempel	ein Biegestempel
U-förmiger Teilschenkel noch einmal nach *unten* zu biegen	U-förmiger Teilschenkel noch einmal nach *oben* zu biegen

4. Streifenvorschub

ein Ausschnittstempel	ein Ausschnittstempel

Anmerkung. Die Werkzeugorgane verdoppeln sich bei zweireihigen Teilstreifen wie in diesem Falle.

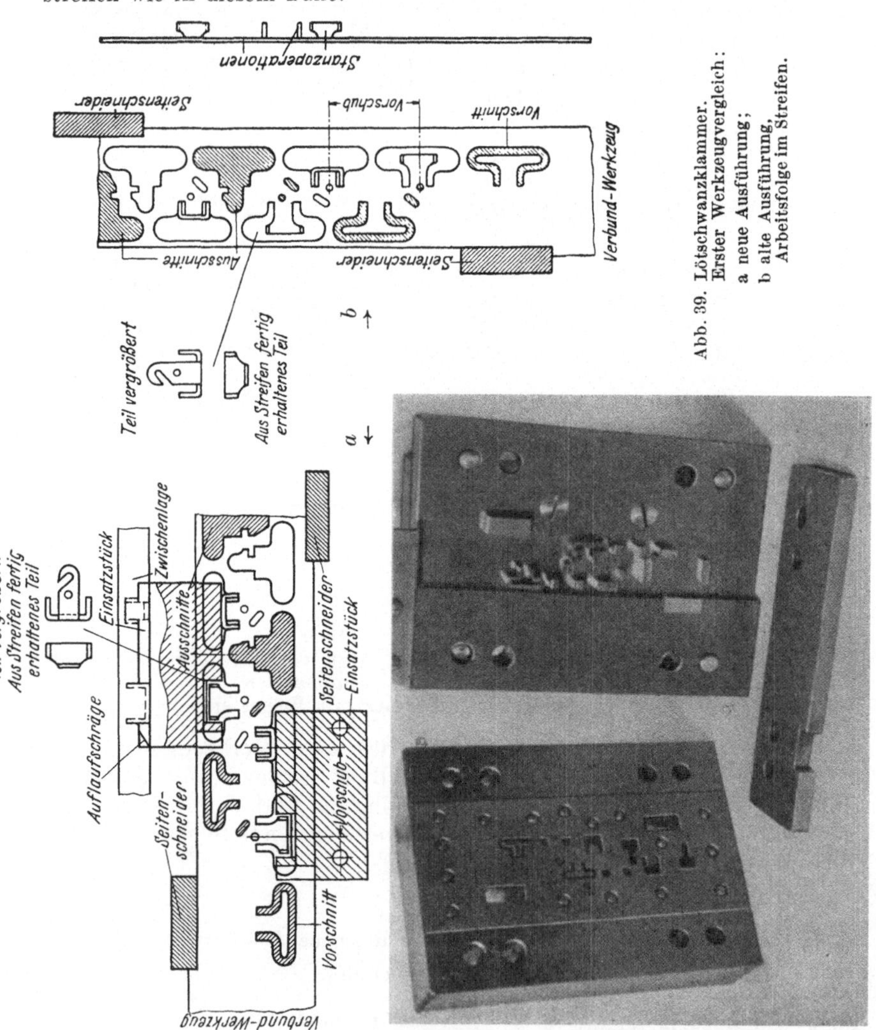

Abb. 39. Lötschwanzklammer. Erster Werkzeugvergleich: a neue Ausführung; b alte Ausführung, Arbeitsfolge im Streifen.

Vorteile des verbesserten Werkzeuges:

Zu Vorschub 2). Bei dem U-förmigen Biegen der Teilschenkel nach oben entfallen die Durchbrüche, deren Einarbeiten in die Schnittplatte zeitraubend ist, desgleichen ihre Nacharbeit nach dem Schärfen des Werkzeuges.

Zu Vorschub 3). Das vorher Gesagte trifft hier zu. Das Einsatzstück in der Führungsleiste zum Biegen des Teiles ist schnell herzustellen. Das Wertvollste aber ist bei der verbesserten Ausführung das Verarbeiten des Blechstreifens mit der Hand oder mit automatischem Streifentransport. Bei der alten Ausführung dagegen ist eine geschickte Handbedienung erforderlich.

2. Werkzeugvergleich.

V-Werkzeuge für rohrförmige Lötösen (Abb. 40).

Fertigungsteil: Lötöse in Rohrform.

Ausführung:	alt	neu
Vorzug:	—	hier
Werkzeugkosten:	teuer	billiger
Geeignet für:	Handvorschub	Handvorschub und Vorrichtung
Teilfertigung:	mit Arbeitskraft	automatisch
Art der Verbesserung:	Günstigere Lage des Teiles im Blechstreifen und besseres Umformen in Richtung des Streifentransportes.	

Werkzeugkritik. In dieser Gegenüberstellung, wo beide Werkzeuge das gleiche Teil herstellen, ist bei der neuen Werkzeugausführung die einfache Bauweise sofort erkennbar. Bei der neuen Werkzeugausführung wird der Blechstreifen oder das Metallband viel besser ausgenutzt als beim alten Werkzeug. Wie aus dem Grundriß des Entwicklungsstreifens hervorgeht, beginnt die Streifenverarbeitung

bei dem 1. Vorschub: mit beiden Seitenschneidern
bei dem 2. Vorschub: ist Leerlauf,
bei dem 3. Vorschub: rechtes Formumschneiden,
bei dem 4. Vorschub: ist Leerlauf,
bei dem 5. Vorschub: linkes Formumschneiden,
bei dem 6. Vorschub: Schlitz lochen,
bei dem 7. Vorschub: Ansatzrille stanzen,
bei dem 8. Vorschub: Teil nach *oben* wölben,
bei dem 9. Vorschub: fertigrollen und abschneiden.

Zu beachten: Man kann beim Betrachten der beiden Werkzeuge leicht feststellen, wie vorteilhaft es ist, die Fläche nach oben zu formen und die Streifenebene plan zu erhalten.

Aus beiden Werkzeugvergleichen geht deutlich hervor, daß man auf jeden Fall das Flächenverformen oberhalb der Streifenfläche vornehmen muß, um einen störungsfreien automatischen Streifentransport zu gewährleisten. Es ist vor allem abwegig, ein kompliziertes Werkzeug von einem Werkzeugmacher nach dessen eigenem Ermessen anfertigen

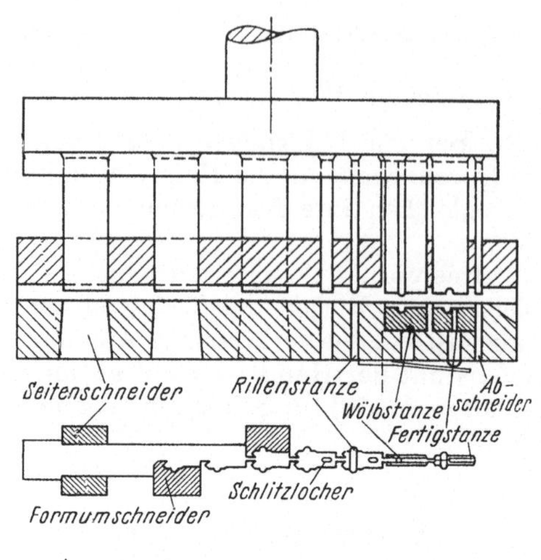

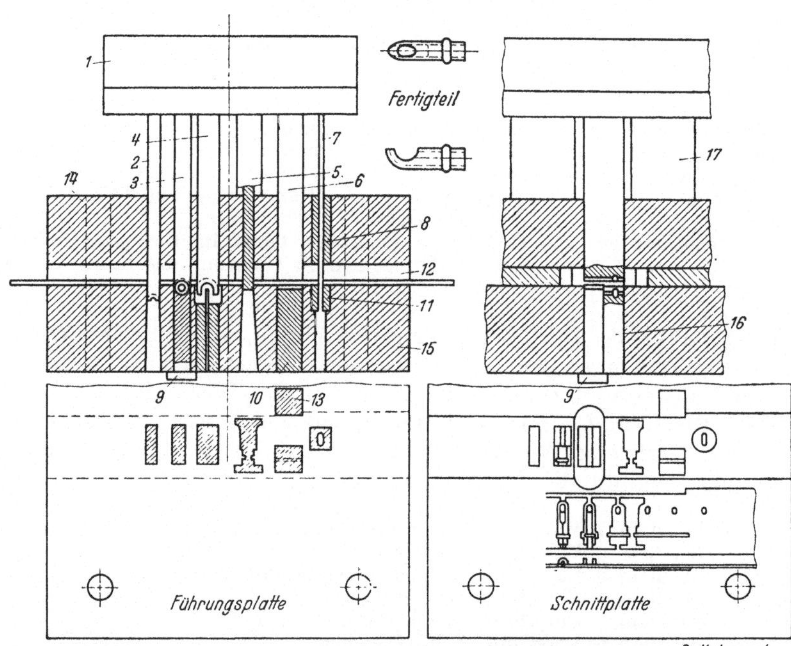

Teil	Benennung	Werkstoff	Bemerkung
1	Stempelknopf . .	St 42.11	
2	Schnittstempel .	Werkzeugstahl	gehärtet
3	Rollstempel . . .	,,	,,
4	Biegestempel . .	,,	,,
5	Trennstempel . .	,,	,,
6	Stanzstempel . .	,,	,,
7	Locher.	,,	,,
8	Führungsbuchse .	St 42.11	
9	Rollunterstempel	Werkzeugstahl	gehärtet
10	Stanzunterstempel	,,	,,
11	Schnittbuchse . .	,,	,,
12	Zwischenlage . .	St 42.11	
13	Seitenschneider .	Werkzeugstahl	gehärtet
14	Führungsplatte .	St 42.11	
15	Schnittplatte . .	,,	
16	Auswerfer	,,	
17	Aufschlagstücke .	,,	

Abb. 40. Zweiter Werkzeugvergleich:
Lötöse in Rohrform.

zu lassen. Es ist vielmehr eine Obliegenheit des Konstrukteurs, wirtschaftlich arbeitende Bauweisen besser zu durchdenken, als es ein Werkzeugmacher überhaupt vermag. Seine Handfertigkeit ist zu wertvoll, um ihn noch mit Konstruktionsdingen zu beschäftigen.

Verbundwerkzeug für Schnurrolle mit dreifachem Steuerschieber, Draht- und Federzug (Abb. 41).

Bei diesem Werkzeug wird eine weniger bekannte Verarbeitung des Blechstreifens gezeigt, bei der hohe Rollennaben gezogen werden, die nicht auf eine andere Weise hergestellt werden können. Die Arbeitsgänge sind folgende:

Vorschub:	1	2	3	4	5
Arbeitsgang:	Vorbeulen	Lochen	Zurückbeulen	Durchziehen und Scheibentrennen	Fertigstanzen

Zu beachten: Von dem 3. bis zum 5. Arbeitsgang sind im Unterwerkzeug bewegliche Organe vorgesehen, die von einem Schieber (*a*), der seine Führung in der Zwischenplatte (*b*) hat, gesteuert werden. Heben und Senken der Unterstempel (*c*) und des Auswerfers (*d*) ist

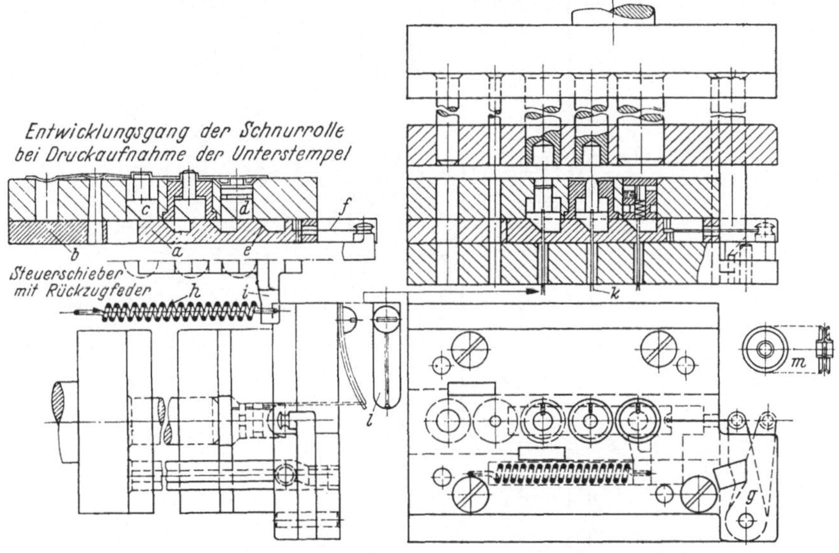

Abb. 41. Verbundwerkzeug für Schnurrolle mit dreifachem Steuerschieber, Draht- und Federzug.

denkbar günstig, ebenso wie ihre Standfestigkeit beim Wirken der Druckkraft auf die Stempel. Man hat es in der Hand, die Unterstempel gleichzeitig oder nicht gleichzeitig durch die Stellungen der Schieberschrägen (*e*) zu steuern und kann zu jedem gewünschten Zeitpunkt die Stempel in standfeste Stellung bringen. All dies ist mit nur einem Drahtzug (*f*) zu ermöglichen, der vom Zughebel (*g*) durch Keiltrieb

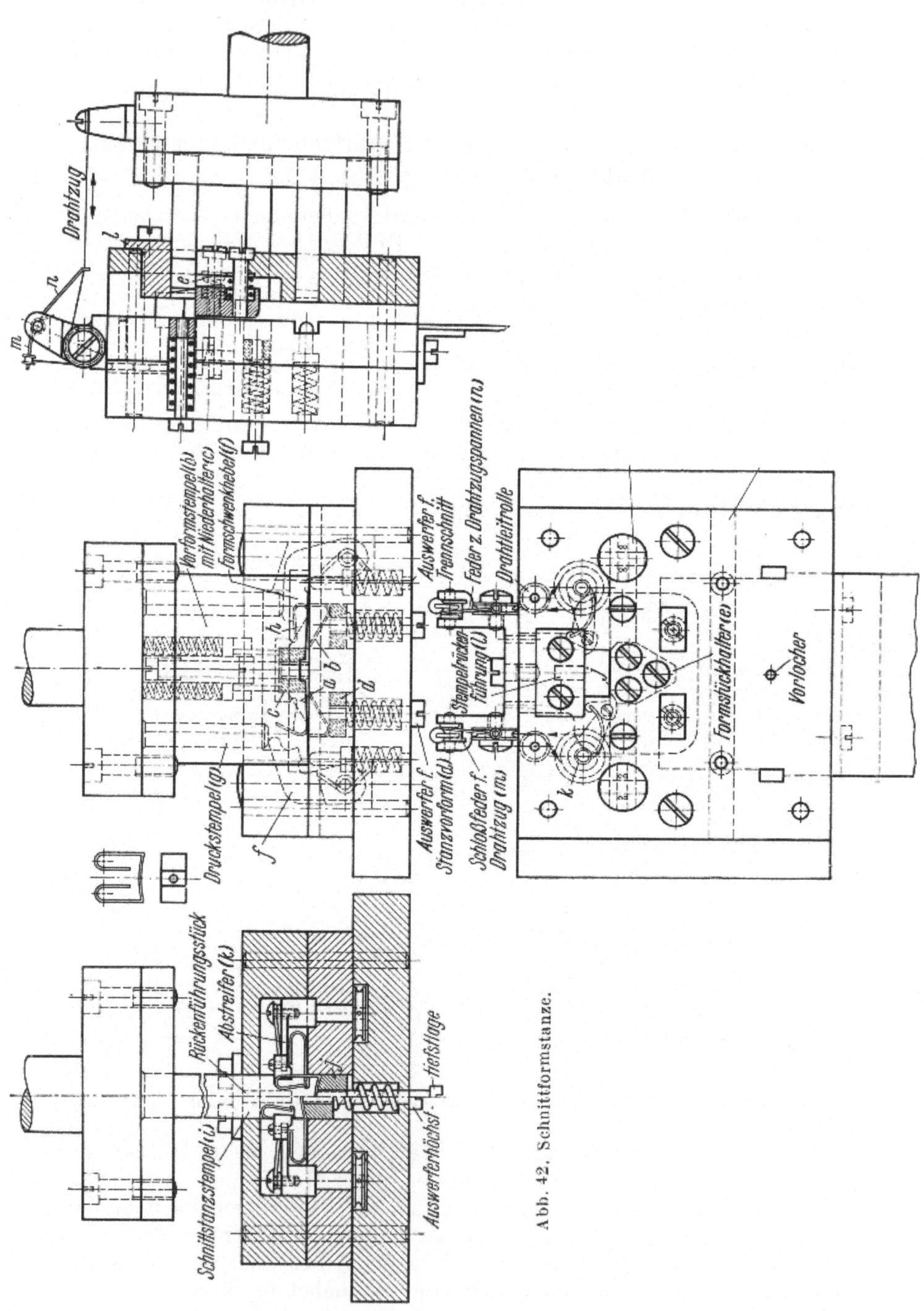

Abb. 42. Schnittformstanze.

bewegt wird. Zurückbewegt wird der Schieber durch eine Schraubenzugfeder (h), die in der Zwischenplatte (b) eingebettet ist. Das eine Ende der Feder ist im Ausleger (i) des Schiebers, das andere Ende in der Zwischenplatte eingehakt. Die Unterstempel werden durch drei Zugdrähte (k) und drei Blattfedern (l) gehoben und gesenkt. Die Aufmerksamkeit sei noch darauf gelenkt, daß das Teil (m) nach dem Ausstoßen aus der Stanzform vom Blechstreifen weggeschoben wird; dies ist beim Aufwärtsziehen möglich, beim Abwärtsziehen wäre es sehr unsicher.

Schnittformstanze (V-Werkzeug) (Abb. 42).

Für Antennen-Schalterfedern in vorliegender Ausführung besteht ein fast unbegrenzter Bedarf. Der großen Stückzahl wegen lohnt sich ein V-Werkzeug eher als Zwillingswerkzeuge. Die Eindrücke, die wir aus den vorangegangenen Werkzeugvergleichen erhielten, veranlassen, diesem V-Werkzeug den Vorzug zu geben, besonders deshalb, weil das Aufwärtsbiegen der Teilflächen im Blechstreifen eine Anzahl von Konstruktionserleichterungen bietet. Auch mit dem Einbeziehen der Drahtzüge, die ebenfalls Vorteile für die Bewegungen der Werkzeugorgane zeigen, kommen Vereinfachungen zustande.

Zu beachten: Bei dieser Werkzeugausführung ist der sonst übliche Keiltrieb zum Biegen der Teilvorform[1] vermieden, weil diese Konstruktion keinen unförmigen Aufbau entstehen läßt. Um die einzelnen Stufen beim Entstehen des Teiles dem Verständnis näherzubringen, werden die Arbeitsgänge hier noch näher erläutert:

1. Arbeitsgang: 2 Seitenschneider mit einem Locher schneiden zugleich.

2. Arbeitsgang: Die Teilschenkel werden auf Teilbreite durch Schrägschliffstempel (a) freigeschert, und beide freien Enden mit Stiftauswerfer gehoben.

3. Arbeitsgang: Die freien Schenkel werden beim Abwärtsgang des Biegestempels (b) W-formähnlich und bei seinem Aufwärtsgang durch Niederhalter (c) und 2 Auswerfer (d) kettengliedförmig offen in der Mitte schräg zurückgebogen.

4. Arbeitsgang: Das vorgeformte Teil wird durch den gefederten Formstückhalter niedergehalten, und die schwenkbaren Hebel (f) legen die entstandene Bügelform des Teiles mit den Stempeln (g) um, und zwar der Auffederung wegen über die Sollform (h) hinaus.

5. Arbeitsgang: Der T-förmige Fertigstempel (i) setzt beim Abwärtsgang in der Mitte der vorgebogenen Teilschenkel auf, schneidet und biegt sie zugleich bei (j) nach oben, wobei die Auflagefläche des Fertigteiles gewölbt gestanzt wird.

Die Abstreifhebel (k) befinden sich zu beiden Seiten des Fertigteiles und werden durch Drahtzug erst dann bewegt, wenn das Teil die Schnittplattenebene erreicht hat. Das Abdrängen des Stempels (i) beim Abschneiden des Teiles wird verhindert durch das Führungsstück (l), das auf die Führungsplatte geschraubt ist. Der Drahtzug für die Abstreifhebel wird bei der Aufwärtsbewegung des Oberwerkzeuges vom Stempelkopf aus betätigt, und sein Durchhang beim Niedergang des Stößels durch den Drahtspanner (n) ausgeglichen.

---

[1] Siehe E. KACZMAREK: Praktische Stanzerei, Bd. I, 3. Aufl., S. 75, Abb. 119. Berlin, Göttingen, Heidelberg: Springer 1949.

Wie wirtschaftlich ein solches V-Werkzeug gegenüber Einzelgangwerkzeugen ist, ersieht man aus folgender Arbeitsweise und Bestimmung der Fertigungszeit.

Fertigung mit Einzelgangwerkzeugen:

Material: Messingband.

1. Arbeitsgang: Vorlochen und Abschneiden des gestreckten Teiles vom Messingband.

2. Arbeitsgang: Vorformen des Teiles mit Keiltriebwerkzeug (nach Bd. I, Abb. 119).

3. Arbeitsgang: Fertigstanzen des Teiles mit Doppelwinkelstanze.

Die Fertigungszeiten sind:

1. Arbeitsgang:

Werkzeugeinrichtezeit	trg	15 min
Verlustzeit	$trgv = 0{,}2\ trg$	3 ,,
Fertigungshauptzeit je Teil	th	0,017 ,,
Nebenzeiten je Teil	tn	0,0423 ,,

2. Arbeitsgang:

Werkzeugeinrichtezeit	trg	15 min
Verlustzeit	$trgv = 0{,}2\ trg$	3 ,,
Fertigungshauptzeit je Teil	th	0,033 ,,
Nebenzeiten je Teil	tn	0,1224 ,,

3. Arbeitsgang:

Werkzeugeinrichtezeit	trg	15 min
Verlustzeit	$trgv = 0{,}2\ trg$	3 ,,
Fertigungshauptzeit je Teil	th	0,041 ,,
Nebenzeiten je Teil	tn	0,1185 ,,

Summe der Einzelzeiten:

trg	$trgv$	th	tn	
45	9	0,091	0,2832	min.

Gesamtfertigungszeit:

$$T_z = trg + trgv + z\,(th + tn)\,1{,}2 = 1401\ \text{min}.$$
1,2 = Faktor für die Fertigungsverlustzeit.

Das Ergebnis mit dem V-Werkzeug ist folgendes:
Material: Messingstreifen.

Einrichtezeit der Tafelschere	trg	12 min
Verlustzeit	$trgv = 0{,}2\ trg$	2,4 ,,
(39 Streifen) schneiden (Hauptzeit)	th	2,0 ,,
Einrichtezeit für V-Werkzeug	trg	30 ,,
Verlustzeit	$trgv = 0{,}2\ trg$	6 ,,
Hübe der Presse	$n = 25$ je min	
Hubzeit je Teil	th	0,04 ,,

Gesamtfertigungszeit:

$$T_z = trg + trgv + z \cdot th \cdot 1{,}2 = 194{,}3\ \text{min}.$$

Gegenüberstellung der Fertigungszeiten:

1401 zu 194,4 min rd. 13,9 %.

Bei gleicher Stückzahl ist der Zeitaufwand beim V-Werkzeug nur 13,9 % der Herstellungszeit mit Einzelgangwerkzeugen, obwohl beim V-Werkzeug die Streifen noch geschnitten werden müssen. Damit ist die Rentabilität des V-Werkzeuges bewiesen.

Schnitt-, Roll-, Biege-, Drallabschneider (V-Werkzeug) (Abb. 43).

Bei dieser Werkzeugbauweise ist zunächst hervorzuheben, daß für das Rollen des Teilauges der sonst angewandte Keiltrieb durch eine Rollzange ersetzt ist, wobei der Materialbedarf sehr gering ist. Für das angegebene Biegeteil (Bild *a*) müssen schwierige Arbeitsbewegungen ausgeführt werden, die ein Werkzeug von größten Abmessungen entstehen ließen, wenn die Arbeit in bisher gewohnter Weise vorgenommen würde. Durch die Anwendung von Drahtzügen liegen jedoch die konstruktiven Verhältnisse günstiger. Drahtzüge bieten zweifellos größere Möglichkeiten, um zu einer leichteren und wirtschaftlichen Bauweise zu gelangen. Der Fertigungsablauf ist bei diesem V-Werkzeug folgender:

1. Arbeitsgang: Der Blechstreifen wird mit den Vorlochern (*1*) gelocht und gleichzeitig mit beiden Seitenschneidern (*2*), die zugleich frei schneidende Stempel sind, die Teilform umschnitten.

2. Arbeitsgang: Das erste Formumschneiden wird hier fortgesetzt mit trapezförmigen Trennstempeln (*3*). Die Scharnieraugen auf beiden Seiten werden durch die Stempel (*4*) mit Niederhalter und Auswerfer vorgeformt. Die Rundung wird bis zur Schnittplattenebene zurückgebogen.

3. Arbeitsgang: Hier folgt das Ausformen der Scharnieraugen über den Rolldornen (*5*), die an das Einsatzstück in der Führungsleiste geschweißt sind, und den Zangenschenkeln (*7*), die sich in den Zangenrahmen (*6*) durch Schrauben- und Blattfederzug bewegen. Die Zangenschenkel werden durch einseitig gestufte Spreizstempel gesteuert.

4. Arbeitsgang: Das Teil wird nun von dem gefederten Doppelwinkelstempel (*8*) und den in der Schnittplatte beweglichen Unterstempeln (*8a*) in U-Form gebogen.

5. Arbeitsgang: Die hochgebogenen Schenkel mit den Scharnieraugen werden in senkrechter Lage durch zwei Verdrehstifte (*9a* und *9b*) mit Hilfe von Zugrollen, Zughebeln und Keiltrieben (*10*) geschränkt. Zugleich werden die Teile mit dem Schnittstempel (*13*) abgeschnitten.

Zu beachten: Die Abstufung des Spreizstempels auf halbem Stößelhub für das Rollen des Auges im 3. Arbeitsgang ist vorgesehen, um das Auge bis über die Mitte vorzurollen, damit beim Fertigrollen das Blech nicht geknickt wird. Der Auswerfer soll nur dem vorrollenden Zangenschenkel nachgeben und danach den entstandenen Luftraum in der Schnittplatte wieder schließen, um eine unterbrechungsfreie Schnittplattenebene zu gewährleisten. Für das Bewegen der unteren Biegestempel im Arbeitsgang 4 sind geteilte Stoßstangen (*12*) vorgesehen, die vom Stempelkopf aus betätigt und durch Kupplungsstifte (*11*) über dem Unterwerkzeug zusammengehalten werden. Dies ist notwendig, um das Ober- vom Unterwerkzeug zum Scharfschleifen der Stempel trennen zu können. Der Schränker im Arbeitsgang 5 wird durch den Keiltrieb (*10*) bewegt. Von der Schränkstelle ab ist die Führungsplatte der Teilbreite entsprechend frei gearbeitet.

Schnitt-Drallabschneider mit Zuführvorrichtung (Abb. 44).

Lötschwanzanschlüsse, die in der Fernmeldetechnik viel gebraucht werden, stellt man meist in Einzelgangwerkzeugen her, bei denen die Drall-Lötschwänze mit Fußtrittvorrichtungen geschränkt werden. Demgegenüber stehen jetzt günstigere Arbeitsmittel zur Verfügung, bei

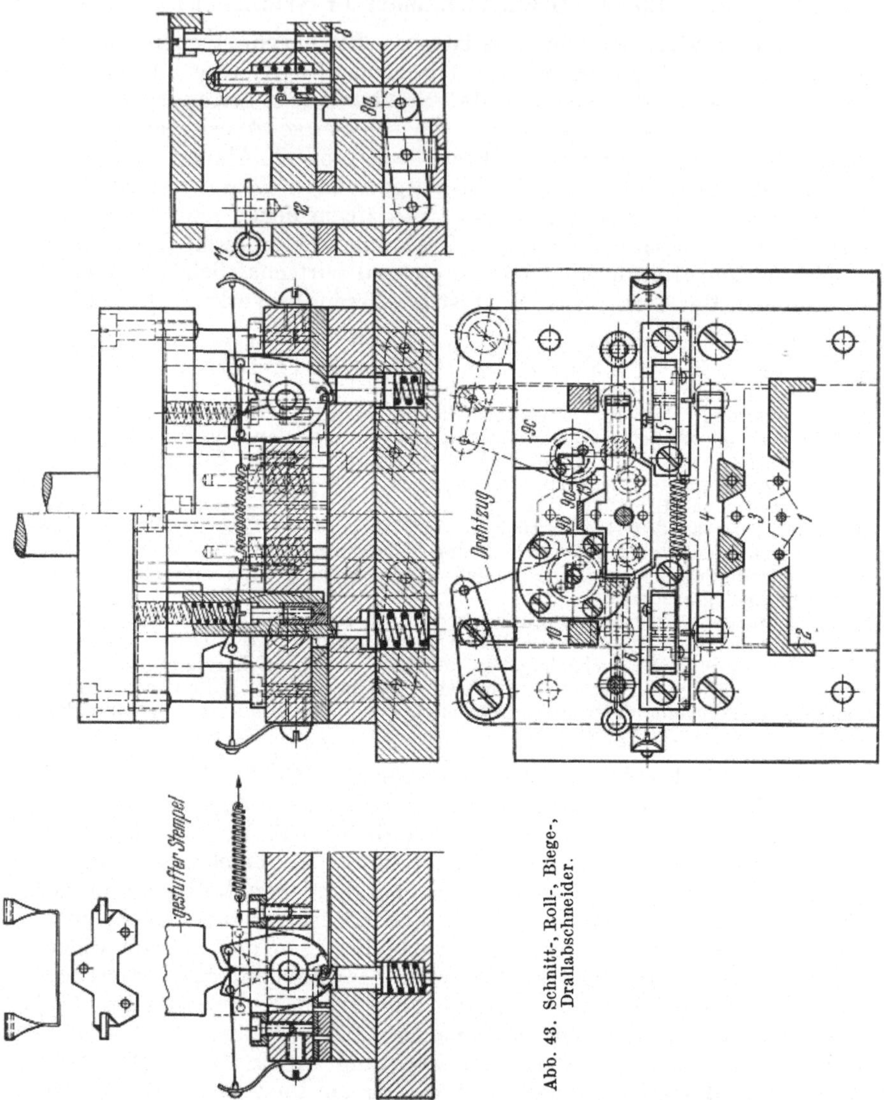

Abb. 43. Schnitt-, Roll-, Biege-, Drallabschneider.

denen ohne unförmigen Werkzeugaufbau Schiebe- oder Drehbewegungen
für Werkzeugorgane ein Herstellen von Mengenteilen mit V-Werkzeugen
besser als früher rechtfertigen lassen. Bei verwickelten Bewegungen
waren es immer Keiltriebe, die einen zu großen Werkzeugaufbau ver-
ursachten. Die Bauweise von V-Werkzeugen wird wesentlich vereinfacht
und gleichzeitig wird Stahl gespart, wenn man für schwierige Bewegungen Drahtzüge vorsieht. In Abb. 44 wird der Aufbau eines
V-Werkzeuges für geschränkte Lötschwänze gezeigt, bei dem jeder

Niedergang des Oberwerkzeuges zwei fertige Teile entstehen läßt. Auch hier ist das Formumschneiden angewandt. Die Arbeitsstufen sind:

1. Arbeitsgang: Zwei Seitenschneider (*3*), die die Form der Lötschwänze (*5*) umschneiden, wirken gleichzeitig mit zwei kleinen (*1*) und vier großen Vorlochern (*2*).

2. Arbeitsgang: Der zu beiden Seiten mit Lötschwänzen versehene Blechstreifen wird in der Mitte durch den Schnittstempel (*4*) in zwei gleiche Streifen geteilt.

3. Arbeitsgang: Die Lötschwänze an beiden Seiten des Blechstreifens werden mit der Drallachse der Drahtzugrolle (*10*) geschränkt.

4. Arbeitsgang: Leerlauf des Blechstreifens.

5. Arbeitsgang: Zwei Teile werden zugleich mit dem Abschneider (*6*) abgetrennt.

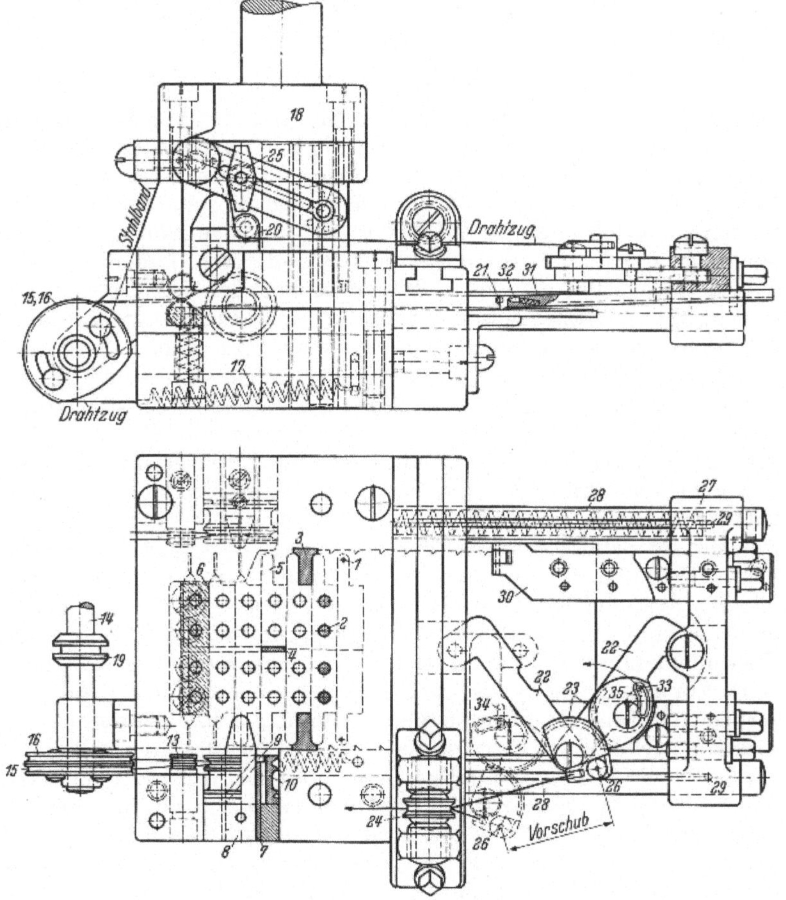

Abb. 44. Schnitt-Drallabschneider mit Zuführvorrichtung.

Zu beachten: Für den 3. Arbeitsgang „Schränken" wird der Drahtwinkel, der in der Mitte der Zugdrahtlänge T-förmig gebogen ist (s. Abb. 28e), in der Zugrolle (*10*) verstiftet. Der Drehweg für den

Zugdrahtwinkel darf nur zwischen der Drahtauflauf- und -ablaufstelle der Rolle (*10*) pendeln, wenn der Draht nicht abreißen soll. Die beiden Drahtenden werden über die Leitrollen (*13*) und die zweiteilige Nutenscheibe (*15/16*) geführt, die auf der Antriebswelle (*14*) sitzt. Das eine Drahtende ist an dem mit der Antriebswelle fest verbundenen Teil der Nutenscheibe (*15*) befestigt. Das andere Zugdrahtende geht über den lose beweglichen Teil der Nutenscheibe (*16*) zu der im Unterwerkzeug untergebrachten Zugfeder (*17*), die die Rolle (*10*) zurückbewegt. Die Antriebswelle (*14*) wird durch einen Uhrfederbandzug gedreht, der vom Stempelkopf (*18*) ausgeht. Querschnitt des Federbandstahles 2 · 0,35 mm. Das Stahlband ist an einem Ende auf einer Trommel (*19*) der Antriebswelle befestigt und das andere Ende mit dem Stempelkopf (*18*) verbunden.

Zuführvorrichtung.

Die Vorschubbewegungen für den Blechstreifen von Handbedienung in mechanische Vorschübe übergeführt zu sehen, ohne eine Vorrichtung erst käuflich erwerben zu müssen, war bisher ein Traumbild. Einen Ausweg aus dieser Schwierigkeit bietet für eine Reihe von Werkzeugen die anschraubbare Zuführvorrichtung nach Abb. 44. Sie besteht aus einer Platte mit einer Spannut, auf der der Lagerbock mit der kugelig gelagerten Leitrolle (*24*) anzuschrauben ist. In diese Platte sind zwei geschlitzte Führungsrohre (*28*) fest eingesetzt, die den Vorschubschlitten aufnehmen. Der Schlitten läßt zwei Gleitstifte (*29*) durch die beiden Rohrschlitze hindurchgehen, die seine Ausgangsstellung festlegen. Die Scherenschenkel (*22*) sind einerseits im Vorschubschlitten (*27*) und andererseits in der Platte mit Spannut drehbar gelagert und vereinen sich in einem gemeinsamen Drehpunkt, an dem sich auch das Zahnradsegment (*23*) unabhängig mit dem Sicherungsstift (*26*) auf dem Scherenschenkel (*22*) dreht. Ein Mitnehmerbolzen (*33*) wandert im Schlitz des Scherenschenkels (*22*), er wird von der Innenkurve des Zahnradsegmentes (*35*) gesteuert und nimmt den Scherenschenkel und den Vorschubschlitten mit. Zwei Arme (*30*) am Vorschubschlitten sind auf die Breite des Blechstreifens einstellbar und haben Einschneideklinken (*21*), die sich beim Schlittenrückgang heben und beim Vorwärtsgang in die oben liegenden Kanten des Blechstreifens kerbend eindringen. Ein genauer Streifentransport ist damit gewährleistet. Die Stahlbandvorratsrolle, die am Hebel des Stempelkopfes (*18*) durch einen Stift gegen Drehung geschützt ist, wird voll gewickelt als Vorbereitung für das Arbeiten der Zuführvorrichtung für verschiedene Vorschübe. Von der Rolle aus geht das Stahlband über den verstellbaren Knebelexzenter (*25*), der das Stahlband festklemmt und den gewünschten Streifenvorschub einstellen läßt, dann geht es über die Leitrolle des am Schnittkasten befestigten Hebeldruckstückes und die kugelig gelagerte Leitrolle (*24*) bis zum Sicherungsstift (*26*) des Stahlbandzuges.

Zu beachten: Zum Betätigen der Zuführvorrichtung werden Klaviersaitendrähte oder Stahlbänder von Uhrfedern verwendet, die hier

beim Streifentransport einer Zugkraft von etwa 65 bis 70 kg ausgesetzt
sind. Fünf Drähte mit 0,36 mm ⌀ oder besser Stahlbänder vom Querschnitt 2 · 0,25 mm sind zu verwenden. Geflochtene Drähte sind nicht
ratsam, weil sie wegen zu großer Steifigkeit bei Dauerbelastung brechen.
Beim Einziehen des Stahlbandes oder der Zugdrähte beginnt man mit
dem Vollwickeln der Vorratsrolle und schützt sie mit einem Stift
gegen Drehung. Von der Rolle geht das Stahlband über den verstellbaren Knebelexzenter. Je näher der Exzenter an der Vorratsrolle steht,
desto größer wird der Streifenvorschub.

Arbeitsvorgang bei der Zuführvorrichtung.

Der Stahlbandzug geht vom Sicherungsstift (*26*) aus und betätigt
das Gegensegment, das sich lose auf dem Scherenschenkel (*22*) bewegt.
Um die Vorschubkraft für den Schlitten (*27*) möglichst groß zu erhalten,
soll der Steigungswinkel von der Innenkurve des Zahnradsegmentes (*35*),
die auf den Mitnehmerbolzen (*33*) drückt, 9 bis 10° sein. Bei dieser
Steigung verschiebt sich der Mitnehmerbolzen (*33*) im Schlitz des
Scherenschenkels nur wenig. Von der am Zahnradsegment eingeleiteten
Kraft von rund 70 kg überträgt der Bolzen 23 kg an den Schlitten.
Dies genügt selbst für schwere Blechstreifen zum Vorschieben. Durch
stärkeres Zugstahlband und Sicherungsstift kann die Kraft vergrößert
werden.

G. Automatische Zuführmittel.

Eigenschaften und Maßnahmen für Zuführvorrichtungen.

Unter der Bezeichnung „Zuführmittel" sind ruhende und mechanisch
bewegte Vorrichtungen zu verstehen, die grundsätzlich die Aufgabe
haben, die bedienende Hand außerhalb der Gefahrenzone der Maschine
zu halten und dadurch die Produktion wesentlich zu beschleunigen.
Zu den ruhenden Vorrichtungen gehören die Zuführkanäle, die die
Nutzteile speichern und die Maschinen und Werkzeuge mit Teilen
beliefern. Das Gebiet der mechanisch bewegten Vorrichtungen ist im
Gegensatz zu den ruhenden sehr umfangreich. Man unterscheidet sie in:

   a) Vorrichtungen für Halbzeugtransporte,
   b) Vorrichtungen für Nutzteiltransporte.

Ihre Leistungen hängen bekanntlich von der Drehzahl ab, die der
Schnittgeschwindigkeit anzupassen ist. Man sollte deshalb nicht die
Pressen mit gleichbleibenden Drehzahlen, sondern mit regelbaren Hubzahlen durch zwischengeschaltete Deckenvorgelege oder stufenlose
Vorsatzgetriebe arbeiten lassen. Besonders macht sich dies bei sperrigen
Teilen, die große Streifenvorschübe erfordern, bemerkbar, weil für sie
nach jedem Streifenvorschub die Presse aus- und eingeschaltet werden
muß, wenn die Stößelhubzahl nicht geändert werden kann. Daß dies
nachteilig für die Presse ist, kann nicht angezweifelt werden.

Wirtschaftliches Arbeiten bedingt für

,,kurze Streifenvorschübe schnelle Stößelhübe‘‘

und für

,,lange Vorschübe langsame Stößelhübe‘‘.

In einer Gleichung ausgedrückt lautet dies: $L = nV_s$. Es bedeuten hier:

L Verarbeitungsweg des Streifens in mm/min,
n Drehzahl der Exzenterwelle je Minute,
V_s Vorschub des Streifens in mm.

Für den Antrieb einer Presse, die mit Deckenvorgelege arbeitet, sind die Stufenscheibendurchmesser nach der arithmetischen Reihe $\vartheta = \dfrac{D_{\mathrm{max}} - D_{\mathrm{min}}}{m - 1}$ und ihre Drehzahlen nach der geometrischen Reihe

$$\varphi = \sqrt[z-1]{\frac{n_z}{n_1}}$$ festzulegen.

Hier bedeuten:

ϑ Stufensprung der Stufenscheibe in mm,
D_{max} größter Scheiben-$\varnothing$ in mm,
D_{min} kleinster Scheiben-$\varnothing$ in mm,
m Anzahl der Stufen der Stufenscheibe,
φ Stufensprung der Drehzahlreihe,
z Anzahl der Geschwindigkeitsstufen,
n_z größte Drehzahl der Exzenterwelle je Minute,
n_1 kleinste Drehzahl der Exzenterwelle je Minute.

Die Riemenbreite ergibt sich aus: $b = \dfrac{N\,60 \cdot 75}{s\,c\,D\,\pi\,n\,\eta}$ in cm. Hierin ist:

N Leistung in PS,
s Riemendicke in cm,
c spez. Belastbarkeit kg/cm²,
D Durchmesser der arbeitenden Scheibe in m,
n Drehzahl der arbeitenden Scheibe je Minute,
η Wirkungsgrad der Maschine.

Regelbare Drehzahlen bei Pressen haben einen großen Einfluß auf das Erreichen eines hohen Produktionsstandes durch Teiltransporte. Sie sind von den Bewegungen abhängig. So findet man, daß Gleitschrägen zur Fortbewegung schwerer Teile viel flacher liegen als bei leichteren Teilen. Ein Gleichrichten durch Handbedienung beim Einlegen der Teile in den Zuführkanal sollte man bei großen Stückzahlen durch eine Zuführvorrichtung, die die Teile mechanisch gleichrichtet, ersetzen. Daß dafür nicht jede Drehzahl der Presse geeignet ist, steht außer Zweifel. Außer den bisher genannten Zuführvorrichtungen sind noch Förderbänder zu erwähnen, die dann Anwendung finden, wenn die Teile arbeitsgangmäßig von einer Maschine zu einer anderen transportiert werden müssen. Auch hier ist eine abgestimmte Pressendrehzahl am Platz. Als Grundlage einer Fließfertigung ist es zu betrachten, wenn Teile von einer Maschine zu einer anderen transportiert werden, ohne daß die schaffende Hand daran beteiligt wird, wobei jede Maschine mithilft, die Form der Teile zu vollenden.

Zuführvorrichtungen für Halbzeuge.

Diese Spezialvorrichtungen dienen in der Hauptsache dem Zubringen von Halbzeugen in Form von Streifen, Bändern und Tafeln. Sie fördern mit Hilfe von

a) Vorrichtungen mit Walzenvorschub,
b) Vorrichtungen mit Greifer- bzw. Zangenvorschub,
c) Vorrichtungen mit Kreuzschlittenvorschub.

Zu a). Eine Vorrichtung mit Vorschubwalzen für die Verarbeitung von Streifen und Bändern ist bei Folgewerkzeugen zuzulassen, wenn bei den Fertigungsteilen Durchbruchverlagerungen durch Ausschnittstempel eine Toleranz von $\pm 0{,}12$ mm nicht überschreiten und die Vorrichtung zumindest fünf Stunden hintereinander arbeiten kann.

Vorrichtung Abb. 45 mit Walzenvorschub.

Einer Vorschubvorrichtung mit zwei Walzenpaaren, wie sie Abb. 45 zeigt, ist gegenüber einem Walzenpaar der Vorzug zu geben, weil die meisten Blechstreifen wellige Oberflächen haben und die Teilausschnitte daher Ungenauigkeiten aufweisen, die bei zwei Walzenpaaren geringer sind. Das straffe Halten des Blechstreifens zwischen den beiden Walzenpaaren hat bisher zufriedenstellende Ergebnisse gezeigt. Die Vorschublänge wird mit Übermaß eingestellt, so daß beim Anstoßen des Streifens am Werkzeuganschlag ein Schlupfweg für die Walzen entsteht. Dadurch federn die Streifen mit welligen Oberflächen nicht vom Werkzeuganschlag ab. Der Streifen wird in das Werkzeug mit einem Handrad der Vorrichtung eingeführt. Die Vorrichtung wird stillgesetzt

Abb. 45. Vorrichtung mit Walzenvorschub.

durch Heben der oberen Walze. Die Angaben unter dem Bild sind zu berücksichtigen.

Zu beachten: Die Vorrichtung Abb. 45 hat den Vorteil, daß sie sich auf dem Pressentisch leicht befestigen läßt, kleine und auch große Vorschübe einzustellen gestattet und den Streifen zwischen den Walzenpaaren (Schub- und Zugwalzen) straff hält, um ungenau liegende Ausschnitte in den Teilen zu verhindern. Verwendet man Werkzeuge mit Fang- oder Zentrierstiften, so werden die oberen Walzen der Walzenpaare automatisch abgehoben in dem Augenblick, in dem der Stempel auf dem Blechstreifen aufsetzt. So kann der Blechstreifen sich zentrisch einstellen, und einwandfreie Teile sind herzustellen.

Zu b). Vorrichtungen mit Greifer- oder Zangenvorschub sind für Streifen- und Bandverarbeitung geeignet, sie gewährleisten mit ihren genauen Vorschubbewegungen bei Folgewerkzeugen mit Vorschubbegrenzungen eine Teilgenauigkeit von $\pm 0{,}05$ mm. In Anbetracht der

Wirtschaftlichkeit sollte auch hier wegen der hohen Einrichtekosten die Vorrichtung mindestens fünf Stunden benutzt werden.

Vorrichtung Abb. 46 mit Greifzangenvorschub.

Hier handelt es sich um eine ortsfeste Zuführvorrichtung an der Presse mit Greifzangentransport. Die Zangen für den Streifenvorschub werden von der Pressenwelle mit Hilfe zweier Spindeln im Pressentisch betätigt. Die Vorschublänge ist durch eine Spindelschaltscheibe an der Pressenwelle einstellbar. Der Vorschub wird etwas vergrößert, wenn Werkzeuge mit Vorschubbegrenzungen in Frage kommen. Damit wird ein Schlupf beim Anschlagen des Streifens am Einhängestift geschaffen. Deshalb ist im Antriebsgestänge eine Kupplung vorgesehen, die dann ausklinkt, wenn die Greifzangen mit ihrem Streifen an einen Anschlag

Abb. 46. Vorrichtung mit Greifzangenvorschub.

stoßen. Trotz aller genauen Vorschubbewegungen und Sicherheitsmaßnahmen für die Vorrichtung ist es ratsam, Werkzeuge mit Seitenschneider oder anderen Vorschubbegrenzungen zu verwenden für die Teile, bei denen eine Deckungsgleichheit verlangt wird. Die größten zulässigen Schnittleistungen mit Greifzangenvorschüben liegen zwischen 175 und 200 Schaltungen je Minute bei einer Nutzlänge des Streifens von rund 2,5 m. Auf keinen Fall darf hierfür eine Schutzvorrichtung fehlen.

Zu beachten: Wenn auch die Genauigkeit dieser Vorrichtung sehr befriedigend ist, so dürfen nur einwandfrei zugerichtete Halbzeuge verwendet werden. Grathaltige Streifenkanten und stellenweis stumpfe Schnittstempel im Werkzeug setzen die erwarteten Genauigkeiten herab. Aus Sicherheitsgründen verwende man stets Werkzeuge mit Fangstiften und Seitenschneidern. Dabei muß an der Schaltscheibe, die von der Exzenterwelle angetrieben wird, ein kleiner Überhub eingestellt werden.

Vorrichtung Abb. 47 mit Greifzangenvorschub und Höhenverstellung.

Hier handelt es sich um eine mit der Pressentischplatte verbundene und auf Höhe einstellbare Vorrichtung, bei der Streifen und Bänder verarbeitet werden können. Auch hier werden die Schaltbewegungen für die Vorrichtung von der Pressenwelle aus über die Spindelschaltscheibe mit einer Stoßstange und Hebel übertragen. Der Vorschub wird durch Verstellen der Gewindebuchse in der Spindelschaltscheibe geändert. Zwei Anschlagschrauben am Schaltwerk der Vorrichtung dienen zur Feineinstellung des Vorschubes. Zur Vervollständigung der Vorrichtung können Walzenpaare, die etwaige Streifenwellen begradigen, und Einfettwalzen angebracht werden. Mit dieser Vorrichtung werden 175 bis 200 Schaltungen je Minute vorgenommen. Die Toleranz der Teile ist $\pm\,0{,}1$ mm.

Zu beachten: Die Beschaffung einer Vorschubvorrichtung hängt von der verlangten Vorschubgenauigkeit und von der Häufigkeit der Benutzung ab. Für Dauerbenutzung kommt eine Vorrichtung nach Abb. 46, für gelegentliche Benutzung nach Abb. 47 in Frage.

Vorrichtung Abb. 48 für Verarbeitung gestapelter Blechstreifen.

Mit dem selbsttätigen Entnehmen eines Blechstreifens vom Stapel ist eine völlige Mechanisierung der Maschine erreicht, auch wenn das Stapeln der Streifen von Hand vor sich

Abb. 47. Vorrichtung mit Greifzangenvorschub und Höhenverstellung.

geht. Trotz einer Herabsetzung der Hubzahl für den Pressenstößel wird bei ununterbrochenen Vorschüben Zeit gespart, so daß sich größere Maschinenleistungen als üblich erreichen lassen. Das Stapeln der Streifen macht sich nicht als Zeitverlust bemerkbar, weil diese Arbeit während der Tätigkeit der Maschine verrichtet wird. Die Bedienung der Vorrichtung besteht im Stapeln der Streifen auf der Maschine, von wo aus sie mit Hilfe einer Ansaugvorrichtung abgehoben und in die Werkzeugführung hineingeschoben werden. Der Streifen wird durch Mitnehmerklinken weiterbefördert, bis er nach einigen Vorschüben unter die Halte- und Vorschubzange gelangt. Diese transportiert den Streifen, auch wenn die Mitnehmerklinken außer Eingriff kommen. Um Massenkräfte beim Streifenvorschieben unwirksam zu machen, hat man eine Streifenbremse vorgesehen. Beim Umstellen der Vorrichtung von einer auf eine andere Anzahl der Teile im Streifen muß ein Wechselrad für das Ingangsetzen der Ansaugvorrichtung ausgetauscht werden. Die Ansaugvorrichtung wird so gesteuert, daß zwischen dem Entnehmen der einzelnen Streifen kein Leerlauf entsteht. Die von der Maschine geleistete Stückzahl entspricht genau der Hubzahl der Presse, da durch das Einlegen neuer Streifen keine Pause entsteht. Weil die Blechstreifen genau auf Länge zugeschnitten sind, werden weder am Anfang noch am Streifenende halbe oder kleinere Teile ausgeschnitten. Sicherungen, wie z. B. elektrische Auslösevorrichtungen, setzen die Maschine sofort still, wenn an irgendeiner Stelle eine Störung, etwa bei einem Zweistreifentransport, auftritt.

Zu beachten: Diese Verarbeitung von Blechstreifen setzt unbedingt eine Rentabilitätsrechnung voraus. Für Blechstreifen, die einer Betriebsnorm unterliegen, mag eine solche Vorrichtung zu rechtfertigen sein, obwohl auch hier zu überlegen ist, ob man nicht einer Bandverarbeitung den Vorzug geben soll.

Zu c). Den Verbrauch an Halbzeug durch eine Verringerung des Abfalles äußerst einzuschränken ist nur möglich, wenn mehrreihige Teilausschnitte aus den Halbzeugflächen vorgenommen werden. Für die

Abb. 48. Vorrichtung für Verarbeitung gestapelter Streifen.

in Mengen auftretenden Bedarfsartikel, wie beispielsweise Schachteln, Dosen oder Flaschenverschlüsse aus Blech, lohnt es sich, zwecks guter Materialausnutzung ganze Blechtafeln zu verarbeiten. Man geht darin so weit, daß man nur günstige Tafelgrößen verwendet, so daß der Abfall möglichst klein wird. Je nach der Höhe der anzufertigenden Stückzahl werden entweder Pressen für Vorrichtungen, die auf den Pressentisch aufgebaut werden können, mit Teilzentrierungen oder automatisch arbeitende Zickzackpressen (Blißpressen) verwendet, deren Tafelaufteilung durch Wechselräder einzustellen ist[1].

Vorrichtung Abb. 49 mit Kreuzschlittenvorschub.

Eine große Stückleistung ist bei Blechtafeln mit Kreuzschlittentransporten zu erreichen, die handgesteuert oder selbsttätig betrieben

---

[1] Siehe E. Kaczmarek: Praktische Stanzerei Bd. II, 3. Aufl., S. 132, Berlin, Göttingen, Heidelberg: Springer 1949.

eine gute Tafelausnutzung möglich machen. Dies trifft nicht nur für gleich große, sondern auch für ungleiche Aufteilungen der Tafel zu, besonders wenn es sich um bedruckte oder mit Abziehbildern beklebte Bleche handelt. Eine Maschine, die mit Kreuzschlittentransporten

Abb. 49. Vorrichtung mit Kreuzschlittenvorschub.

arbeitet, heißt Zickzackpresse. Die in Abb. 49 gezeigte Vorrichtung für Tafelverarbeitungen ist an jeder Schnittpresse anzubringen und arbeitet mit einer Tafelaufteilung für Teilgrößen, die der Indextafel

Abb. 49a. Indextafel für Tafelschaltung.

entsprechen. Dadurch sind alle vorkommenden Tafelaufteilungen möglich, auch solche mit fehlerhaften Druck- oder Abziehbildern. Während der Lithograph bisher bei der Aufteilung bedruckter Tafeln von der Größe des Kreuzschlittenvorschubes abhängig war und sich nach der Indexeinteilung der Teilstangen richten mußte, ist es bei der gezeigten Vorrichtung mit Indextafeln umgekehrt, einfacher und besser. Die Arbeitskraft muß sich hier nach der Aufteilung der bedruckten Index-tafel richten, die als Schablone zum Einrasten der Schaltindexe für die Längs- und Querbewegung des Kreuzschlittens benutzt wird. Die

Indextafel trägt den gleichen Bildaufdruck wie die zu verarbeitende Tafel. Das Beispiel in Abb. 49a zeigt Deckel für eine Hautcremedose, die auszuschneiden sind. Darin ist ferner zu ersehen, daß die Indextafel in jedem Bildmittelpunkt einen Rastenbolzen mit einseitig offenem Index besitzt, der zum Festhalten des Kreuzschlittens in jeder Arbeitsstellung dient. Zum genauen Einstellen der Rastenbolzen wird ein Zentrierring (siehe mittlere Reihe rechts) über den Rastenbolzen geschoben. Der Zentrierring hat denselben Außendurchmesser wie der gedruckte Ring. Die Rastenbolzen können für die verschiedensten Aufteilungen und Teilformen verwendet werden. Das Bedienen der Vorrichtung ist leicht und nicht ermüdend, da die Arbeitskraft bei einiger Übung ununterbrochen mit dem Kreuzschlitten hantieren kann.

Zu beachten: Für den Dauerbetrieb einer Vorrichtung bei großen Fertigungsstückzahlen sind nur Schnittzugwerkzeuge mit Säulengestellen zu verwenden. Ohne Führung arbeitende Werkzeuge zeigen keine guten Leistungen, weil sie selten einwandfrei auf der Presse einzustellen sind. Die herzustellenden Mengen sieht man daraus, daß zwischen zwei Scharfschliffen eines Werkzeuges 40000 bis 60000 Stück und darüber keine Seltenheit sind.

H. Zuführmittel für Nutzteile.

Allgemeines.

Bringt man mit Zuführmitteln Nutzteile an eine gewünschte Stelle der Maschine, so ergibt dies den Vorteil, daß die Maschine je nach Größe der Fertigungsstückzahl automatisch arbeiten kann. Für handbeschickte Zuführkanäle ist die Schräge wichtig, bei schweren Teilen genügen 20°, bei leichteren Teilen sind bis zu 90° nötig. Von Vorteil sind 350 mm lange Zuführkanäle, die als Nutzteilspeicher dienen, um etwaige Unterbrechungen in der Teilzufuhr auszugleichen. Die Kanäle sollen Laufleisten haben, auf denen sich die Teile bewegen, damit angefeuchtete Teile auf der Gleitbahn nicht klebenbleiben. Handbeschickte Zuführkanäle können bei einer Produktionssteigerung eine automatische Zuführvorrichtung erhalten, die ein mechanisches Richtungsordnen (Gleichrichten) der Teile selbst vornimmt. Abnehmende und zuführende Organe, wie beispielsweise Halte- und Greifzangen oder Revolverteller, können die Teile vom Zuführkanal zum Werkzeug überführen. Das mechanische Gleichrichten der Teile, welches hierher gehört, beruht auf Ausnutzung des Körperschwerpunktes, dessen Ermittlung in einem späteren Abschnitt noch näher behandelt wird.

Schlittenbewegte Greif- und Lösezange (Abb. 50).

Schlittenbewegte Transportzangen kommen nur bei senkrecht stehenden Zuführkanälen und für liegende Pressen in Frage. Ihre Schlitten werden entweder mit Keiltrieben vom Stößel aus oder durch Hebel, Zahnstange und -rad bewegt. Hier ist es angebracht, die Keilfläche des Triebkeiles wie einen Federauswerfer auf die Steuerrolle wirken zu lassen, damit bei Störungen — durch spielerische Handlungen oder anderer Art — keine Werkzeug- organe brechen. Am Ende des Zuführ- kanals ist eine Schleuse vorgesehen, die bei jedem Hin- und Rückgang der Schlittenzange nur ein Teil freigibt. In der Abbildung sperrt gerade der obere Schleusenstift die Teilzufuhr, und das unter diesem Stift befindliche Teil kann in den Rachen der Zange hinein- fallen. Bewegt sich nun die Zange nach rechts, dann stößt der Schlitten- stift an die Schleuse und verschiebt sie so, daß der obere Schleusenstift zurück-, der untere vorgeht und so das Nachfallen eines Teiles auf den Zangenschlitten verhindert.

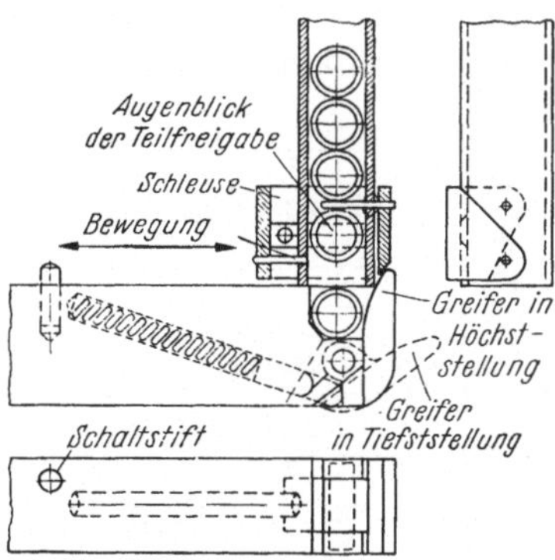

Abb. 50. Schlittenbewegte Greif- und Lösezange.

Waagerecht schwenkbare Greif- und Lösezange (Abb. 51).

Schwenkbare Greifzangen kommen meist bei stehenden Pressen und schräg liegenden Zuführkanälen vor. Diese Ausführung der Zange, die mit beweg- lichen und klemmenden Greifbacken arbeitet, wird in der vorliegenden Ab- bildung mit ihren Einzelheiten gezeigt. Bei geschlossener Zange — in der Dar- stellung unten zu sehen — fällt das Teil aus dem Zuführkanal in die Zange hinein, nun bewegt sich der Zangenarm, wie gezeigt, in die obere Lage, wo das Teil vom Stempel ausgestoßen und

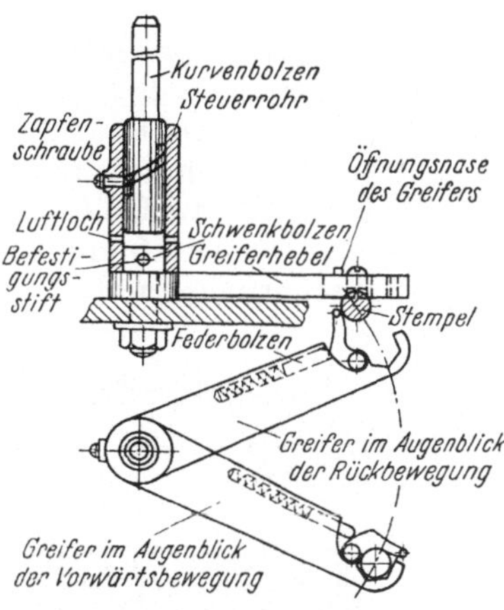

Abb 51. Waagerecht schwenkbare Greif- und Lösezange.

sofort verformt wird. Die Zangenöffnung umschließt also ganz den Stempel. Während der Abwärtsbewegung des Stempels geht der Zangenarm in die im Bild untere Stellung zurück, wobei die klemmenden Backen des Greifers vom Stempel gezwungen werden, sich nach außen und darauf in die Anfangslage zurückzubewegen. Die Zange wird vom Steuerrohr und dem Kurvenbolzen, der im Pressentisch eingespannt ist, über den verstifteten unteren Drehbolzen geschaltet. Die Zapfen- schraube, die links im Bild in die Nut des Kurvenbolzens eingreift, bewegt erst den Zangenarm. Der Arm läßt sich 70- bis 75 mal in der Minute schalten.

Dreh- und schiebbare Greif-Lösezange (Abb. 52).

Für einen senkrecht zur Stempelbewegung stehenden Zuführkanal ist eine dreh- und schiebbare Greifzange für das Zubringen der Teile zu dem Werkzeug vorzusehen. Hier wird die im Bild festgehaltene Zangenausführung allgemein angewendet. Durch einen Schalthebel wird sie vom Pressenschlitten aus axial bewegt und gleichzeitig so gedreht, daß die Zangenöffnung mit dem von ihr aufgenommenen

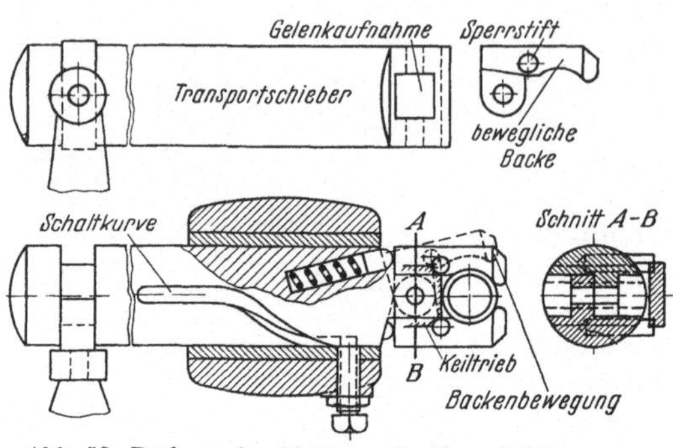

Abb. 52. Dreh- und schiebbare Greif- und Lösezange.

Teil in der Richtung des Stempelweges steht. Der Stempel setzt sich nun auf das Teil und verformt es. In diesem Augenblick geht die Greifzange, die den Stempel umfaßt, zurück und bewegt beide Klemmbacken auseinander. Haben sich die Bakken bei der axialen Verschiebung der Zange vom Stempel getrennt, so gehen sie in ihre alte Lage zurück. Für ein einwandfreies Auffangen und Festhalten in der Greifzange müssen die Teile beim Festklemmen gut zentriert sein. Die Greifzange muß in ihren Bewegungen also so arbeiten, daß sie nach dem Aufsetzen des Stempels auf das Teil sofort die Rückbewegung ausführen kann. Es verbleibt dadurch mehr Zeit für das Einfallen des Teiles in die Zangenöffnung, und diese Forderung wird von der gezeigten Zangenausführung erfüllt.

Verbundgreifzangen für V-Werkzeuge (Abb. 53).

In Gruppenanordnung zusammenarbeitende Greifzangen sind besonders für V-Werkzeuge geeignet. Mit ihnen kann man ebene Zuschnitte

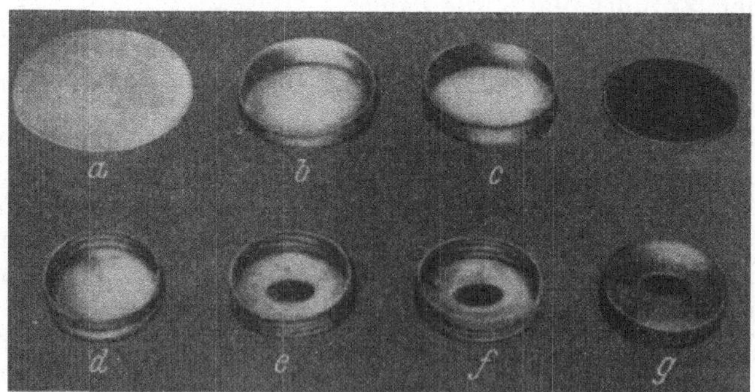

Abb. 53a. Verlauf der Arbeitsgänge.

aus Metallbändern wie mit Revolvertellern und Ansaugvorrichtungen zuführen. Eine solche Gruppenanordnung von Greifzangen ist hier dargestellt. Das Werkzeug ist für jede Exzenterpresse zu benutzen und

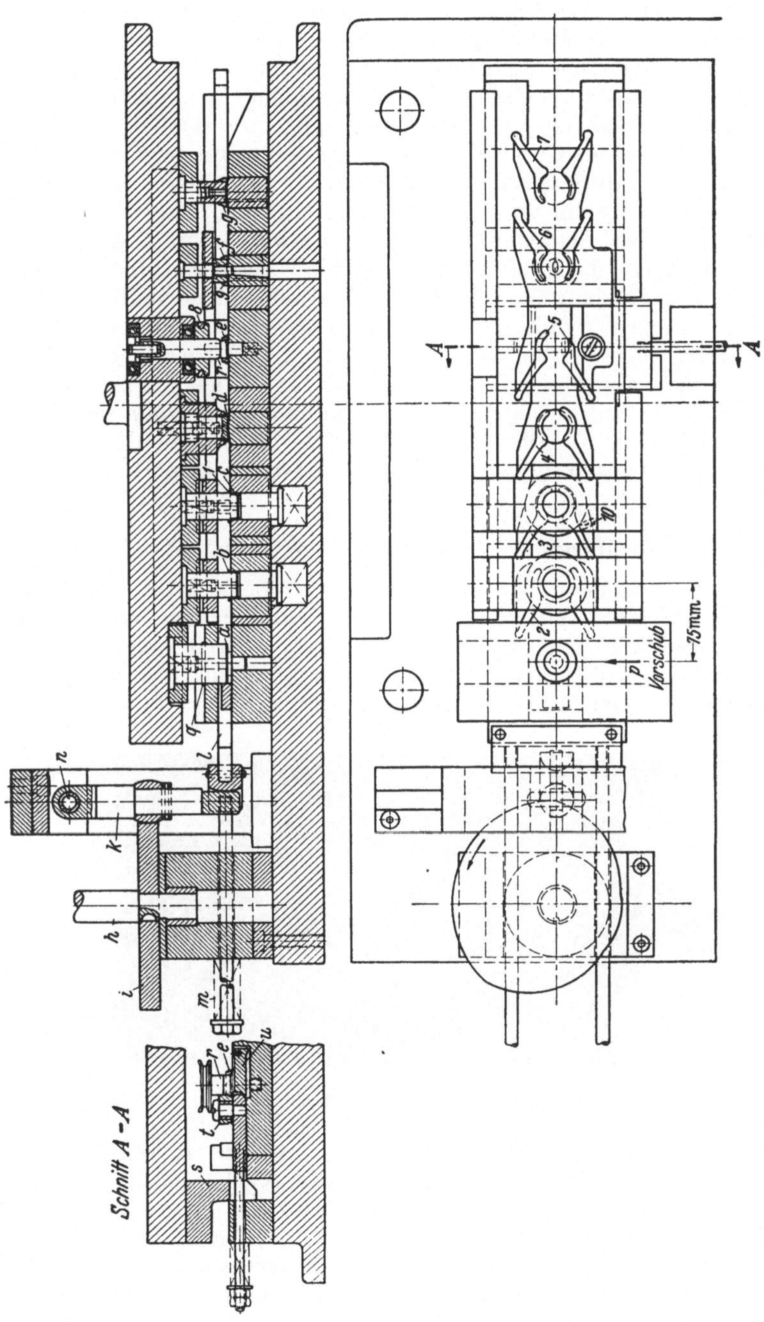

Abb. 53. Verbundgreifzangen für V-Werkzeuge.

leistet 5000 bis 6000 Zahnpasta-Tubendeckel in jeder Arbeitsstunde. Die erforderlichen Arbeitsgänge sind aus Abb. 53 ersichtlich. Als Ausgangsmaterial wird Metallband von passender Breite und 0,38 mm Dicke verwendet. Das Metallband wird bei „p“ in Pfeilrichtung eingeführt und gelangt an den Anschneideanschlag „a“, wo die Scheibe ausgeschnitten und der Rest des Streifengitters zerkleinert wird. Die ausgeschnittene Scheibe wird von a aus zu den weiteren sechs Arbeitsstellen b bis g durch sechs Greifzangen transportiert. Die Zangen machen mit dem Schlitten l jeweils einen Hub von einer Arbeitsstufe zur anderen. Diese Schlittenbewegung von etwa 75 mm wird durch die Kurve i gesteuert, die ihren Antrieb über die Welle h von einem Winkeltrieb von der Kurbelwelle der Maschine erhält. Arbeitshub und Teiltransport hängen damit zwangsläufig zusammen und sind in der Übersetzung gleich groß. Als Übertragungsmittel zwischen Schlitten und Steuerkurve wird der Schwenkhebel k verwendet, der sich um den Zapfen n dreht und durch die zwei Schraubenfedern m an die Steuerkurve gedrückt wird. Die Greifzangen 2 bis 7 werden durch kleine Federn „10“ so gegen die Teile gedrückt, daß der Transport möglich ist.

Greiforgane für Stufenpressen (Abb. 54).

Für schwierig herstellbare Hohlformteile, die in größeren Mengen auftreten und billig sein müssen, werden Stufenpressen mit mehr als acht Verformstufen und ebensoviel selbsttätigen Greiforganen verwendet. Hier können die Zuschnitte aus Metallbändern zu komplizierten Hohlteilen gezogen und formgestanzt werden. Der Transport mit

Abb. 54. Greiforgane für Stufenpressen.

Ansaugevorrichtung (s. Abb. 55) arbeitet einwandfrei, wenn die Ansauger für die Zuschnitte eine Tastvorrichtung erhalten, die zu dicke oder zusammenhaftende Scheiben beim Zuführen ausscheidet. Es ist vorteilhaft, eine sparsam arbeitende Einfettvorrichtung für Metallbänder mit einer Tastvorrichtung zusammenarbeiten zu lassen. Die Anzahl der Stufen beim Ziehen von Hohlteilen wird durch die zulässige Blechbeanspruchung und durch die Anzahl der auf der Presse anbringbaren Werkzeuge festgelegt. Bei Ausnutzung aller Werkzeuge auf der Presse lassen sich selbst scharfkantige Hohlformen herstellen, ohne daß die Produktion geringer wird. Bei jedem Niedergang des Pressenschlittens wird trotz mehrerer Verformstufen immer ein Teil fertig.

Scheibenansauger als Zubringorgan (Abb. 55).

Für runde und profilierte Scheiben, die aus Metallbändern ausgeschnitten wurden, sind zwei Arten von Ansaugorganen die einzig möglichen Zubringmittel für Werkzeuge auf Stufenpressen.

1. Festhaften schwerer Scheiben am Saugkopf des Zubringers; Anpreßdruck höchstens 0,8 kg/cm² durch Saugpumpen.

2. Festhaften leichterer Scheiben am Gummisauger; Anpreßdruck höchstens 0,35 kg/cm² durch selbsterzeugtes Vakuum.

Zu 1: Bei mehreren Saugstellen an einem Teil (s. Abb. 48) steigt die Tragfähigkeit. Die Ansaugfläche hat etwa 60% des Teildurchmessers. Dies ist das Dreifache der Saugöffnung.

Zu 2: Der Durchmesser der Ansaugfläche ist die Hälfte des Teildurchmessers. Der Scheibenansauger Abb. 55 drückt seinen Gummikegel flach auf die mitzunehmende Scheibe und hebt sie an. Dabei bildet sich ein luftverdünnter Raum. Die Anpreßkraft ist bei einer 100 mm großen runden Scheibe:

$$P = \frac{(0,5\,D_j)^2\,\pi}{4}\,p$$
$$= \frac{5^2\,\pi}{4}\,0,35 \approx 6,9\,\text{kg}.$$

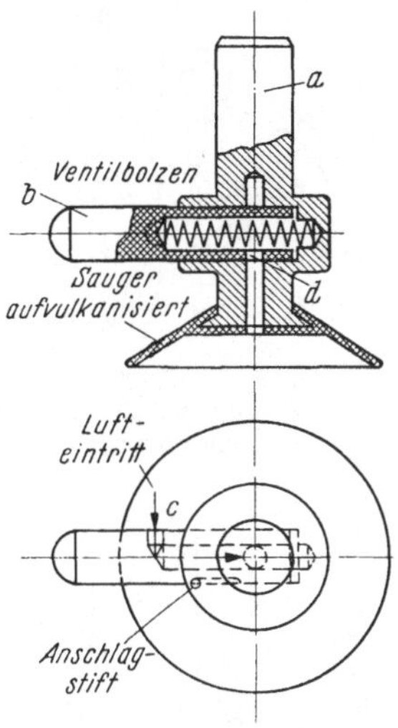

Abb. 55. Scheibenansauger als Zubringorgan.

Die Wirkungsweise des Vakuumventils ist folgende:

Bei Abb. 54 ist auf der einen Seite des Werkzeuges das Ventil vorgesehen, auf der anderen Seite der Anschlag, der das Ventil durch Luftzufuhr unwirksam macht. Das Ventil nach Abb. 55 wird am Schwenkarm mit dem Zapfen (a) so eingespannt, daß der gefederte Bolzen (b) an die Anschlagseite der Maschine drückt, wenn sich das Ventil mit der Scheibe auf Mitte Werkzeug befindet. Beim Niedergang des Pressenschlittens wird der Gummikegel möglichst flach auf die Scheibe gedrückt, die transportiert werden soll, so daß die Luft im Gummikegel fast vollständig entweichen kann. Während des Aufwärtsganges des Schlittens schwenkt der Zubringer mit dem Ventil über Mitte Werkzeug und stößt zugleich den Ventilbolzen am Anschlag der Maschine zurück. Die Luft dringt durch die Löcher (c und d), und das Ventil läßt die Scheibe fallen. Der Zubringer geht beim Aufwärtsgang des Pressenschlittens wieder in die Anfangsstellung, und der Vorgang beginnt von neuem.

Teilausheber als Abtransportorgan (Abb. 56).

Obwohl die Revolverteller zugleich Zuführ- und Abnehmeorgane sind, sind noch Abstreif- und Ausstoßelemente nötig, falls die aufgenommenen Teile nicht von selbst aus den Revolvertellern heraus-

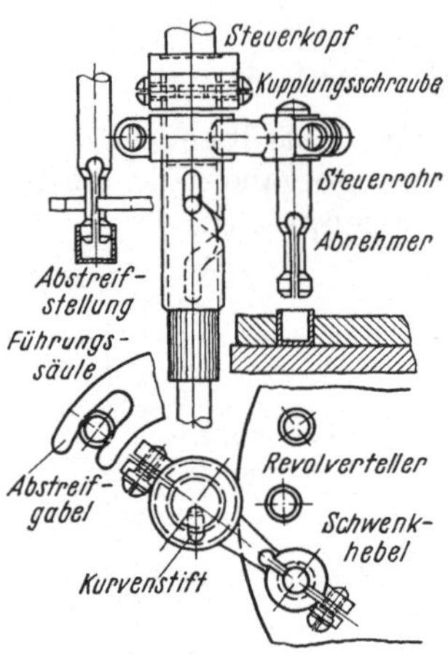

Abb. 56. Teilausheber als Abtrans-portorgan.

fallen können. In solchen Fällen kommen federnde Greifer in Frage, die die Teile von innen oder außen aufnehmen, dann schwenken und sie in der Endstellung abstreifen. Die Abbildung zeigt, daß der Kurvenkörper mit seinem Greifarm ein 180°-Schwenkung ausführt und am Anfang und Ende seiner Kurve einen axialen Auslauf hat, der zum Aufnehmen und Abstreifen der Teile dient. Der Einspannzapfen des Kurvenkörpers wird seitlich von Pressenschlitten und Führungssäule durch einen Gußbock am Maschinenkörper unterhalb des Revolvertellers befestigt. Um das Einstellen des Teilabhebers zu erleichtern, kann der Schwenkarm durch eine Klemmschraube in jeder gewünschten Höhe eingestellt werden. Je nach den Teilgrößen sind auswechselbare Abnehmereinsätze (s. Abb. 57) zu verwenden.

Schienenzuführkanal mit schlittenbewegter Vorschubzange (Abb. 58).

Zuführkanäle, die für stehende oder liegende Pressen von Hand beschickt werden, haben an ihrem Eingang seitlich schräge Ausläufe, damit man die Teile besser einlegen kann. Bei manchen Kanälen sind

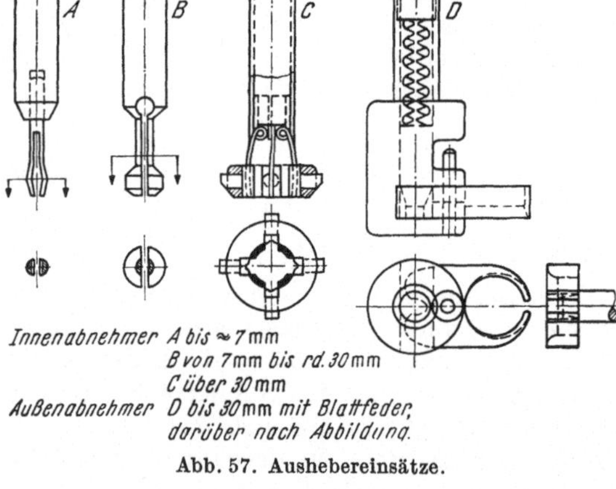

Abb. 57. Aushebereinsätze.

die Wangen seitlich verstellbar für verschiedene Teillängen. Sie sind meist ohne Schleusen und Sperren ausgeführt und haben durchschnittlich eine Länge von etwa 350 mm. Diese Länge wird vorgesehen, um einen Teilvorrat zu schaffen, falls die Beschickung aussetzen sollte, und vor allem, um keine Leerschaltungen an der Maschine auftreten zu lassen. Lange Zuführkanäle halten die bedienende Hand aus der Gefahrenzone und ermöglichen Leistungssteigerungen. Die Schrägstellung des Kanals macht man für leichte Stücke bis zur senkrechten

Lage einstellbar, um einwandfreies Einfallen der Teile an der Entnahmestelle zu erreichen.

Dieser Zuführkanal besteht aus zwei U-Schienen mit einer Neigung von 50° und verläuft kurz vor der Einmündung in die Aufnahmeplatte senkrecht. Die Teile sollen sich hier in die Greifzange flach einlegen können. Für Fertigungsteile, die zu lochen sind, versieht man die Abstreifplatte mit einem Federauswerfer, der die Teile entgegengesetzt zum Zuführkanal herausschleudert. Die Abstreifplatte muß nicht unbedingt mit dem Werkzeug fest verbunden sein.

Rohrzuführkanal mit waagerecht pendelnder Greifzange (Abb. 59).

Die Anordnung des Rohrkanals, der zu einem waagerecht schwenkenden Zuführhebel auf der Exzenterpresse führt, ist sehr einfach und viel verwendbar. Da es sich hier um ein Aufspeichern von runden

Abb. 58. Schienenzuführkanal mit schlittenbewegter Vorschubzange.

Scheiben handelt, die sich beim Aufschichten stets flach legen, ist gegen einen senkrecht stehenden Zuführkanal nichts einzuwenden. Wegen der Unfallgefahr ist der Zuführkanal auf die halbe Länge im

Abb. 59. Rohrzuführkanal mit waagerecht pendelnder Greifzange.

Winkel von 50° zurückgebogen und zum leichteren Einlegen der Teile muldenartig offengehalten. Der Kanal mündet in einen geschlitzten Leitrohrbock, an dem er mit einer Sechskantschraube festgeklemmt ist. Der Bock ist mit zwei Schrauben am Pressentisch befestigt. Unter dem Leitrohrbock mit dem Zuführkanal befindet sich der schwenkbare

Schalthebel, der durch eine Steuerrolle am Schwenksystem mit einem Keiltrieb am Pressenschlitten bewegt wird (s. Abb. 59a). Seine Aufgabe besteht darin, jedes in der Kanalmündung ankommende Teil durch

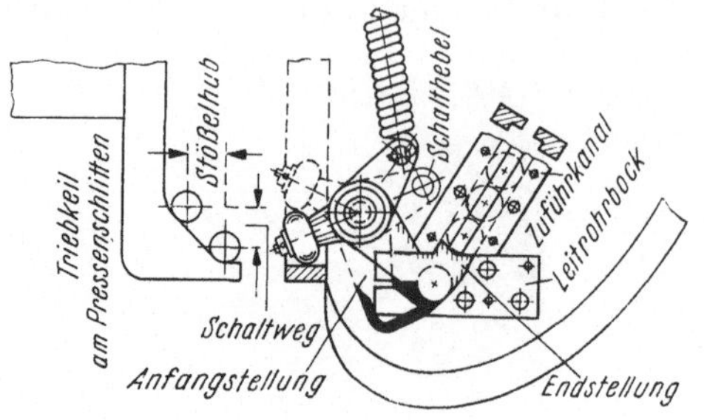

Abb. 59a. Schaltweg der Scheiben zur Zentrierzange.

den Zuführkanal, der aus Leisten besteht, die mit zwei Sechskantschrauben befestigt sind, zur Zentrierzange zu befördern. Die im Zuführkanal aneinandergereihten Scheiben gelangen einzeln in die Zentrierzange, wo die Scheibe so lange festgehalten wird, bis der Verformstempel auf sie aufsetzt. Die Zentrierzange wird geöffnet und geschlossen durch den einstellbaren Schaltbolzen, der sich über der Gabel der Zentrierzange befindet. Die Teile, die nach oben aus dem Werkzeug herausgestoßen werden, kommen in den Bereich des Luftstrahles und werden dann weggeblasen. Die Luft ist durch einen Filzfilter wasserdampffrei zu halten, um Stahlteile vor Rost zu schützen.

Zuführkanal mit Bürstenbremse für Einzeldurchlaß der Teile
(Abb. 60).

Um eine runde Scheibe aus Aluminium ohne Rückprall in eine offene Teileinlage gelangen zu lassen, ist es ratsam, sie im Zuführkanal einzeln durchzulassen und ihre Fallgeschwindigkeit mit einer Bürstenbremse zu regeln. Erfahrungsgemäß ist hier für den Zuführkanal eine Schräge von 50° bevorzugt. Die Bürstenkraft auf die gleitende Scheibe hängt davon ab, wieviel Grat an der Scheibe ist. Die Scheibe gleitet vom Eingang des Zuführkanals über die Bremsbürste, die sich der Fallrichtung entgegendreht, so daß die Scheibe an der Kanalmündung rückprallfrei ankommt. Der Triebkeil links oben im Bild steuert einen

Abb. 60. Zuführkanal mit Bürstenbremse für Einzeldurchlaß der Teile.

Schwenkarm, der nur ein Teil zur Teileinlage unter dem Preßstempel hindurchgehen läßt. Beim Niedergang des Preßstempels wird die nach

oben gefederte Traverse am Werkzeug abwärts gedrückt, und zwar
so tief, wie es die kaltgespritzte Länge der Aluminiumtube zuläßt. Beim
Aufwärtsgang des Pressenschlittens ist der geschilderte Vorgang umgekehrt, die gespritzte Tube wird vom Preßstempel mit nach oben
genommen und in der Höchstlage der Traverse abgestreift.

Revolverteller für mehrfaches Teilverformen (Abb. 61).

Revolverteller, die von Hand oder automatisch beschickt werden,
sind für die Versorgung mit Teilen bei stetig laufenden Zieh-, Stanz-
und Schneidarbeiten sehr vorteilhaft. Bei ihrer Beschickung ist folgendes zu beachten:

1. Das schaltgemäße Einlegen der Teile von Hand.
Nachteil: Auftretende Leerlaufschaltungen bei Ermüden der Hand.

2. Eine Beschickung durch Zuführkanal mit Vorratsteilen.
Zustand: Keine Leerlaufschaltungen; aber Arbeitskraft erforderlich.

3. Das automatische Zuführen von Teilen.
Beurteilung: Höchststand der Produktion.

Die Revolverpresse ist als ein universelles V-Werkzeugaggregat
anzusprechen, weil bei ihr durch Auswechselung der Ober- und Unter-

Abb. 61. Revolverteller für mehrfaches Teilverformen.

werkzeuge (s. Abb. 61) jedesmal ein neuer Fertigungszustand entsteht,
der weniger Kosten als ein neu hergestelltes V-Werkzeug verursacht.
Um die Höchstdrehzahl für den Revolverteller zu erreichen, ist seine
Masse und Beschleunigung zu berücksichtigen und für den Antrieb
ein geeignetes Schaltwerk vorzusehen. Der hier gezeigte Antrieb des
Revolvertellers besteht aus einem Malteserkreuz, das nach dem Teller-
vorschub die Schaltung des Kreissegmentes so lange arretiert, bis die
Schaltrolle in die nächste Indexnut eingreift. Hierdurch kann jeder
Hub der Presse — wenn nötig mit vier Stempeln — ausgenützt werden.
Es tritt hier kein Weiterschleudern des Tellers über die Indexfesthaltung
hinaus ein, was bei höherer Drehzahl durch die Massenkraft zu befürchten wäre.

J. Gleichrichtmethoden und Schleusen für Nutzteile.

Grundsätzliches über das Gleichrichten.

Das Gleichrichten ist ein „Richtungsordnen" von durcheinander-liegenden Teilen, die einheitlich ausgerichtet durch den Zuführkanal wandern und zum Werkzeug gebracht werden. Das mechanische Richtungsordnen beruht auf Ausnutzung des Körperschwerpunktes beim Kippen des Teiles. Dies allein genügt aber nicht, um lagegerechte Teile an die Kanalmündung zu bringen, sondern es werden noch die Unsymmetrien zum Gleichrichten mit herangezogen. Dabei ist es wichtig, die Ruhelagen der Teile auf einer etwa 25° geneigten, glatten Eisenplatte festzustellen. Aus der Häufigkeit ihrer Lage sind Schlüsse zu ziehen, wie die Teile am vorteilhaftesten gleichgerichtet und einfall-sicher in die Greifzange zu bringen sind. Beim Zuführen von sym-metrischen Voll- oder Hohlteilen, z. B. Zylinderstiften und Röhrchen, ist auf ihre Gleichrichtung zu verzichten, weil sie in Achsenrichtung kettenmäßig aneinandergereiht oder gestapelt werden können. Für Voll- oder Hohlteile, die eine unsymmetrische Form besitzen, ist eine Gleichrichtung am Platze, und sie bewährt sich bei Teilen, die mehrere Querschnitte haben. Auch wo man nicht gleichrichten muß, stellt man die Teile billiger mit Zuführvorrichtungen her als sonst in Einzel-werkzeugen. Unsymmetrische und formgleiche Teile, die einen tief-liegenden Schwerpunkt besitzen, eignen sich gut zum Gleichrichten, und ihre Kippmomente sind sehr oft erwünscht. Zumeist wird ·das Gleichrichten auf mechanischem Wege vorgenommen, es kann aber ebensogut mit Hilfe von Photozellen vor sich gehen.

Schleusen und ihre Arbeitsweisen.

Schleusen sind Sicherungen für durchlaufende Teile im Zuführkanal und haben den Zugang der Teile zu sperren oder freizugeben. Dieses geschieht in der Regel am Ein- oder Ausgang des Zuführkanals. Am Eingang des Zuführkanals wird die Teilzufuhr so geregelt, daß die Zunge eines kurvengesteuerten Schwenkhebels den Kanal öffnet und schließt. Dicht über der Zunge des Schwenkhebels bewegt sich der Rotor mit seinen Öffnungen, aus denen die Teile von der Hebelzunge zum Zuführkanal durchgelassen werden. Ein weiterer Zweck der Schleuse (auch Sperre genannt) ist, bei Füllung des Kanals die Zufuhr von Teilen zu sperren, indem die Hebelzunge so lange auf ein Teil im Kanal drückt, bis einige Teile verarbeitet sind und andere nachfolgen können. An der Kanalmündung wirkt die Schleuse nach dem Prinzip der schlitten-bewegten Greif- und Lösezange (Abb. 50). Damit sind aber nicht alle Maßnahmen für eine einwandfreie Durchschleusung der Teile getroffen; die Teile müssen noch auf die richtige Lage ihrer etwaigen Durchbrüche abgetastet werden. Dies erfolgt z. B. nach Abb. 81.

Gleichrichtvorgänge und ihre Beurteilung.

Je mehr der Schwerpunkt der Teile außerhalb der Mitte der umhüllenden Form der Teile liegt, desto gleichmäßiger werden sich die Teile in der Vielzahl auf einer waagerechten Ebene lagern. Folgende Erläuterung mag dies verständlich machen:

Körperschwerpunkt und seine Wirkung (Abb. 62).

Unterteilt man das Volumen des Teiles für den Boden $V = \dfrac{12^2\,\pi}{4}\,1$ $= 113{,}1$ mm³, und den Mantel $V_1 = 11\pi\,18\cdot 1 = 622$ mm³, so ergibt sich der Abstand des Schwerpunktes von der y-Achse zu $Sp = \dfrac{113{,}1\cdot 5 + 622\cdot 14{,}5}{113{,}1 + 622} = 13$ mm; er liegt also 1 mm unter der mittleren Teilhöhe 14 mm von der y-Achse entfernt. Das Teil ist stets im Gleichgewichtszustand, wenn es um seinen Schwerpunkt (bei a) gedreht wird; dasselbe trifft bei (b) und (d) zu, wenn der S-Punkt des Teiles senkrecht über der Kippkante liegt. An Hand der Abb. 62k sei ein anderer Fall erwähnt: Hohlteile sollen mit der Öffnung nach unten zeigend der Verarbeitungsstelle zugeführt werden und sind im Rotor entsprechend auszurichten. Bei oben liegendem Teilboden taucht der Auswerferstift in den leeren Raum des Teiles hinein und läßt es unbeeinflußt passieren, während bei untenliegendem Teilboden das Teil aus dem Rotor herausgestoßen wird.

Stufenweises Kippen eines Teiles (Abb. 62e bis h).

Beim freien Fall aus der waagerechten Lage wird das Teil seinen Boden nach unten neigen und seine Bodenkante auf die Kippfläche aufschlagen lassen (e). Fällt das Teil in die waagerechte Lage (f), so wird es durch das entstandene Arbeitsvermögen zum Kippen gebracht. Fällt dieser Körper mit seiner Schwere von 3,39 g von einer 30 mm großen Höhe auf eine Kante vor dem Zuführkanal herab, so leistet er bei seinem Aufschlag eine Arbeit von $30\cdot 3{,}39 = 101{,}7$ mmg; bei einem Hebelarm $r = 4{,}47$ mm (s. bei g und h) tritt eine Kraft für das Kippen des Körpers von $\dfrac{101{,}7 \text{ mm g}}{4{,}47 \text{ mm}} = 22{,}7$ g auf. Verkürzt sich der Abstand der Aufschlagfläche zu einem Hebelarm von 2 mm, so entsteht daraus eine Kippkraft von $\dfrac{101{,}7}{2} = 50{,}8$ g. Dieser Vorgang ist oft beim Gleichrichten anzutreffen.

Wahl der Flächenquerschnitte für die Einbettung der Körper im Rotor.

Aus der Lage von Körperschwerpunkt und Querschnittsflächen eines im Rotor einzufangenden Körpers ergeben sich mehr oder weniger günstig liegende Eckmomente, die durch praktische und nicht kostspielige Versuche festzustellen sind. Der vorliegende Fall nach Abb. 62e möge als Beispiel dienen.

Der ermittelte Schwerpunkt liegt hier 1 mm unter der mittleren Höhe des Körpers. Daraus ist anzunehmen, daß eine Anzahl der auf

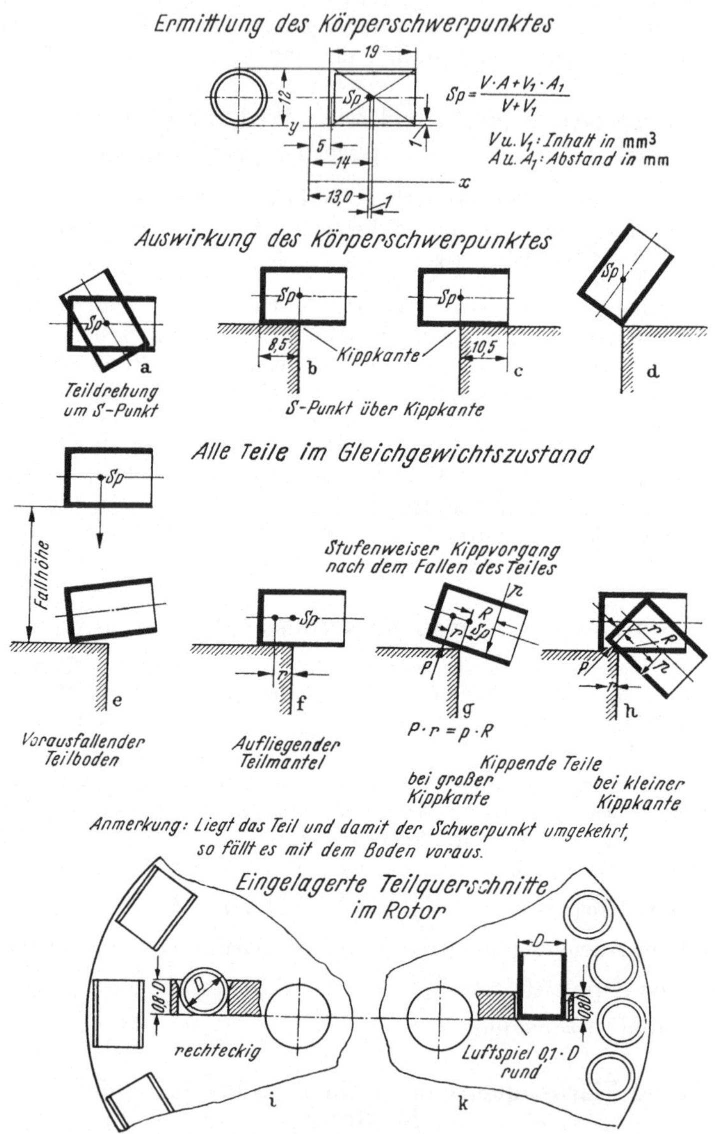

Abb. 62. Auswirkung des Körperschwerpunktes.

den Tisch fallenden Teile sich auf die Böden legen müßte. Aus praktischen Erfahrungen aber weiß man genau, daß kleine Teilböden nicht gut eben sind und Hohlteile dieser Art nicht zum Stehen neigen.

Mehrere Versuche werden also zu klären haben, welche Lage bei den Teilen häufiger ist. Angenommen, die geschilderte Überlegung habe sich praktisch bestätigt, dann würde für die Einlagerung des vorliegenden Teiles im Rotor eine rechteckige Querschnittsfläche (s. Abb. 62i) in Frage kommen.

Liegende Einbettung der Teile im Rotor und ihre Gleichrichtvorgänge.

Gleichrichtung mit Gleichrichtstift (Abb. 64).

Für Hülsen, bei denen die Mantellänge größer als der Bodendurchmesser ist, gibt es wegen ihrer zu hoch liegenden Schwerpunkte nur eine Möglichkeit zum Einfangen der Teile im Rotor. Man bereitet die Teile liegend nach Abb. 62i bzw. Abb. 63 zum Gleichrichten vor. Die einfachste Art der Gleichrichtung ist ohne Zweifel das Verfahren mit dem Gleichrichtstift (Abb. 64), über den alle Hülsen unweigerlich mit den Böden vorausfallen. Als Sicherheit läßt die unter dem Rotor befindliche Hebelzunge der Kanalsperre nur dann die Teile zum Zuführkanal durch, wenn ein liegendes Teil im Rotor sich mit der Kanalöffnung deckt, sonst nicht. Die Einfallschrägen unterhalb des Gleichrichtstiftes sind etwa 60° geneigt, um das Teil nicht zu schnell in den Zuführkanal fallenzulassen.

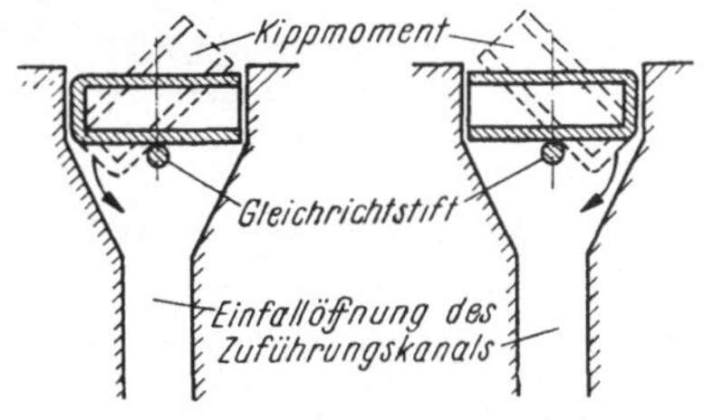

Abb. 64. Zuführkanal mit Gleichrichtstift.

Gleichrichtung mit Fangstiften (Abb. 65).

Hülsen von größerer Länge können nur liegend in den Rotor eingelagert werden (s. Abb. 63). Hier wird ein neuer Weg des Gleichrichtens gezeigt. Die Einzelphasen sind in Abb. 65 bildlich festgehalten. Die Hülsen verlassen den Rotor und fallen auf die Hebelzunge zwischen den beiden Fangstiften, die sich in Längsrichtung der Hülse gegeneinander bewegen. Bei dieser Bewegung setzt stets einer der Fangstifte auf den Hülsenboden auf und schiebt die Hülse axial um etwa ein Viertel ihrer Länge auf den gegenüberliegenden Fangstift. Sobald sich beide Fangstifte voneinander entfernen und die Hebelzunge auch zurück-

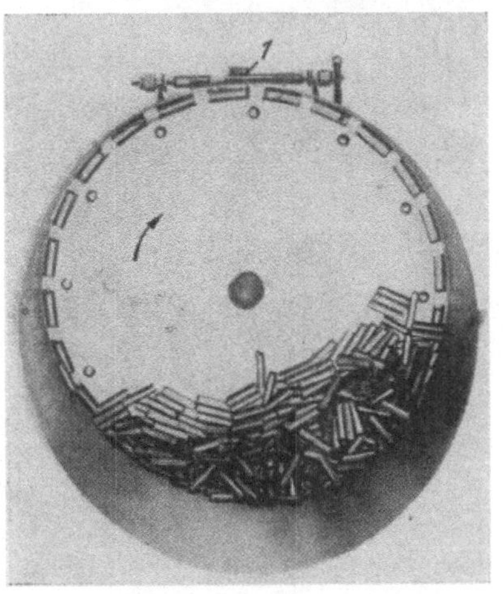

Abb. 63. Rotor mit liegenden Fangteilen.

gegangen ist, neigt sich die noch am Fangstift hängende Hülse nach unten und fällt in den Zuführkanal. Abb. 65a zeigt die Hebelzunge unter der Hülse und den linken Fangstift, der auf den Hülsenboden aufsetzt und die Hülse dem gegenüberliegenden zuschiebt. Abb. 65b

Abb. 65a. Teil liegt auf der Hebelzunge. Teilboden nach rechts verschoben.

zeigt im Gleichrichtvorgang den Augenblick, bei dem der rechte Fangstift die herabhängende Bodenhülse noch mühsam hält, bevor er sie in den Zuführkanal fallenläßt. Abb. 65c zeigt den umgekehrten Vorgang wie bei (b), wenn die Hülse entgegengesetzt im Rotor gelegen hat. Ergänzend ist noch hinzuzufügen, daß der Zungenhebel für die Sperre außer der oberen Zunge noch eine untere gefederte hat (siehe die langgestreckte Nase am Eingang des Zuführkanals), die die Teilzufuhr sperrt, sobald der Zuführkanal mit Teilen gefüllt ist. Die untere Zunge drückt federnd auf ein im Kanal befindliches Teil, sie setzt dadurch die obere still und sperrt die Teilzufuhr. Rechts oben ist auf den Lichtbildern auch die Stoßstange erkennbar, die die Fangstifte betätigt und durch Kurve und Hebel von der Zuführvorrichtung gesteuert wird.

Abb. 65b. Rückgang der Hebelzunge. Teilboden links vorausfallend.

Abb.65c. Umgekehrter Vorgang wie bei b.

Gleichrichtung mit Gleichrichtstift und Wendefänger (Abb. 66).

Nicht immer ist die Gleichrichtung mit vorausfallenden Hülsenböden erwünscht, oft ist auch für die Weiterverarbeitung günstiger, wenn die Hülsenöffnung nach unten vorauseilt. Lange, zylindrische Hülsen mit Böden, die mit ihren Öffnungen nach unten in den Zuführ-

kanal einfallen sollen, ordnet man einwandfrei mit einer Verbund-
gleichrichtung, einem Gleichrichtstift mit Wendefänger (s. Abb. 66).
Dieses Richtungsordnen der Hülsen beginnt in einem schrägstehenden
Rotor (s. Abb. 63), in dem
sich die Hülsen mit ihren
Böden verschieden legen und
aus dem sie über einen Gleichrichtstift (s. Abb. 64) fallen.
Um die Hülsen nun noch zu
schwenken, werden sie auf
ihrem Fallweg unter dem
Gleichrichtstift gezwungen,
sich in den Wendefänger zu
bewegen, von dem aus sie in
Schaltabständen mit den Öffnungen voraus in den Zuführkanal gekippt werden. Je
nachdem, wie ihre Böden im
Rotor liegen, fallen sie in den
linken oder rechten Wendefänger und danach in den Zuführkanal. Der Wendefänger
wird durch eine Drallnut in
der Achse mit axialem Nuten-
auslauf gedreht. Die Fänger-

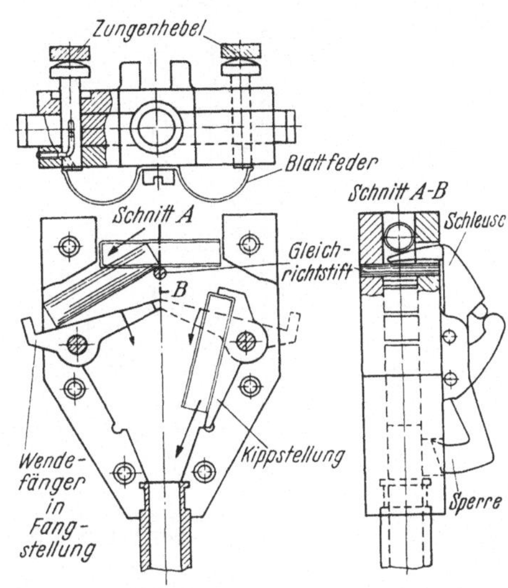

Abb. 66. Gleichrichtvorgang mit Gleichrichtstift und
Wendefänger (Hülsenöffnung nach unten fallend).

achsen werden durch den Vorwärtsgang des Zungenhebels verschoben.
Der Zungenhebel wird mit einer Kurve und einem Gestänge vorwärts
bewegt. Zurückbewegt wird der Wendefänger durch eine zweimal ge-
wölbte Blattfeder.

Gleichrichtung durch Gleichrichtleisten (Abb. 67).

Mit den bisher besprochenen Methoden können kegelige Hülsen
durch Ausnutzung des Bodengewichtes im Zuführkanal nicht gleichgerichtet werden, besonders nicht, wenn sie mit ihren Öffnungen nach
unten gerichtet sein sollen. Zum Gleichrichten dieser Hülsen kann
eine Schwerpunktverlagerung herangezogen werden (s. Abb. 67). Eine
feststehende und eine gegenüberliegende bewegliche Gleichrichtleiste
werden parallel angeordnet. Wird die Gleichrichtleiste nach außen
bewegt und die Hülse zugleich freigegeben, so fällt die Hülse mit dem
schlanken Ende voraus in den Zuführkanal. Jede Hülse verläßt den
Rotor liegend, legt sich infolge ihrer Konizität schräg nach unten
zwischen die Gleichrichtleisten — gleichgültig, auf welcher Seite sich
der Hülsenboden befindet — und gelangt mit ihrem schlanken Ende
zuerst in den Zuführkanal, wenn die Gleichrichtleiste nach außen
schwenkt. Bewegt wird die Gleichrichtleiste zum Öffnen und Schließen
des Zuführkanals mit Hilfe eines kurvengesteuerten Gestänges der
Vorrichtung. Die Teilezufuhr bei gefülltem Kanal wird wie bei den
vorherigen Methoden gedrosselt.

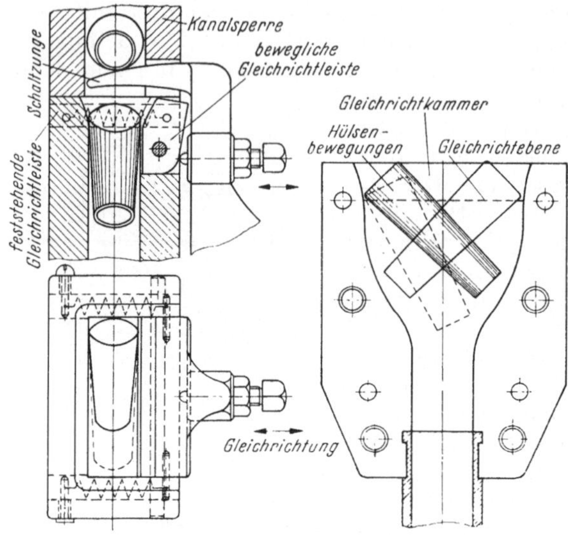

Abb. 67. Gleichrichtung kegeliger Hülsen mit fester und beweglicher Gleichrichtleiste, Hülsenöffnung nach unten fallend.

Gleichrichten durch Kippen des Randes oder Bodens der Hülse mit Blattfederabstreifer (Abb. 70).

Für Hülsen, bei denen der Bodendurchmesser nicht größer als die Mantellänge ist, eignet sich das Einfangen mit unten liegendem Teil-

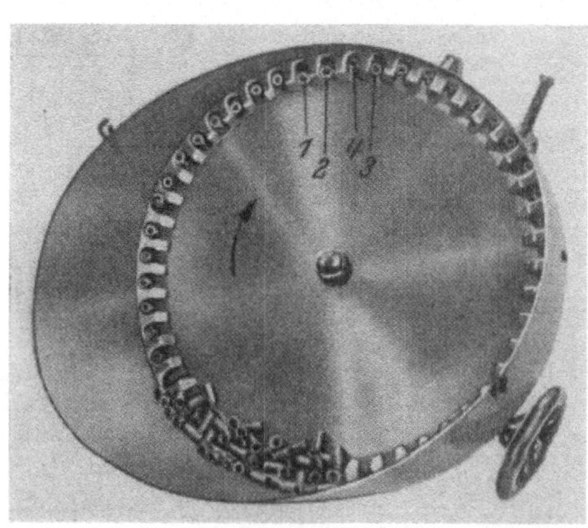

Abb. 68.
Rotor mit auf den Böden stehenden Fangteilen.

boden im Rotor (s. Abb. 68 und 69) am meisten. Trotz des Bodenübergewichtes lagern sich solche Hülsen verschieden in den Fangöffnungen des Rotors ein, und man ist daraufhin gezwungen, eine einstellbare Leitbahnkulisse zur Vergrößerung oder Verkleinerung der auftretenden Kippmomente vorzusehen (s. einstellbare Kulisse unter dem Rotor, Abb. 69). Damit sind aber nicht alle Maßnahmen zu einem einwandfreien Gleichrichten erschöpft, sondern als weiteres Sicherungsmittel bedient man sich einer am Gehäuse der Vorrichtung befestigten Abstreifblattfeder, die die an ihr vorbeiwandernden Hülsen mit nach oben gerichteten Böden zum Herausfallen aus den Fangöffnungen des Rotors zwingt. Zum besseren Verstehen des Richtungsordnens ist das Vorrichtungsgehäuse mit dem schräg drehbaren Rotor von oben gezeigt, wobei man die verschiedenen Lagen der Hülse sehen kann. Teil *1* beginnt gerade herauszufallen, während Teil *2* und Teil *3* im Rotor verbleiben. Die Einfangöffnungen mit dem hervortretenden Kulissenstück *4* sind noch sichtbar.

Gleichrichtung mit Falltiefen (Stolperkanten) außerhalb des Rotors und Speichenauffänger (Abb. 71).

Diese Methode im Einfangen und Gleichrichten von Hülsen ist wesentlich anders als die bisher gezeigten Ausführungen. Hier nehmen die Hülsen ihren Weg über Hindernisse (Falltiefen, auch Stolperkanten genannt,) die sie zwingen, sich je nach ihrer Lage hochkant zu richten.

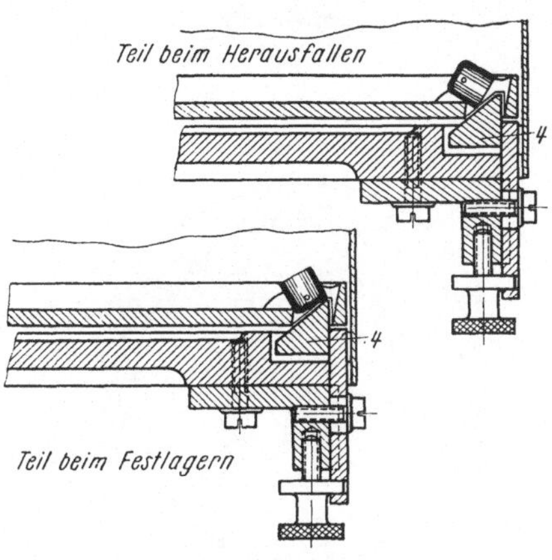

Abb. 69. Einstellbare Rotorkulisse zur Verlagerung des Körper-*S*-Punktes.

Die Hülsen drehen sich besonders dann, wenn die scharfen Hülsenränder von den Stolperkanten erfaßt werden. Diejenigen Hülsen, die mit ihren Böden nach unten zu liegen kommen, stülpen sich über den

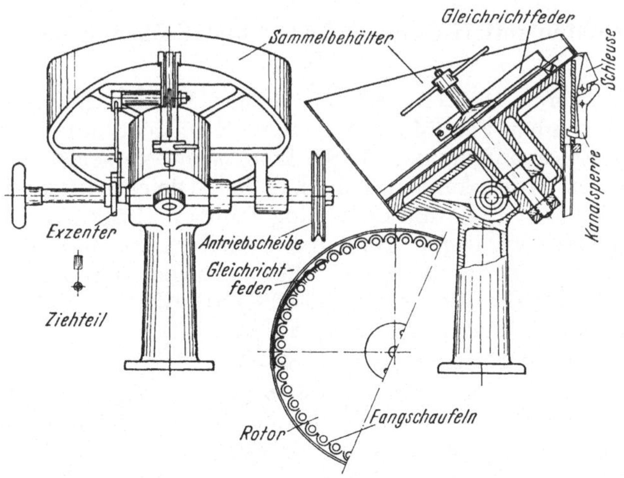

Abb. 70. Rotor mit Kippfederunterstützung (Gleichrichtfeder).

drehbaren Speichenauffänger, der sie zum Zuführkanal bringt und dort freigibt. Abb. 71 a und b zeigen, wie die Hülsen sich über Stolperkanten gleichrichten. In Abb. 71 b sieht man die Vorrichtung von oben. Der Rotor (Schöpfring) dreht sich von links nach rechts und

wendet die einzelnen Hülsen. Der Speichenauffänger ist in Abb. 71a
deutlich herausgestellt. Zum besseren Verständnis ist oben im Bild

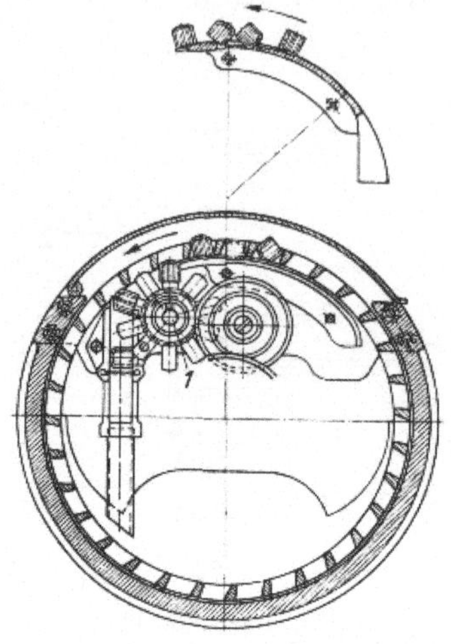 

a) Obere Ansicht   b) Schnittansicht
Abb. 71. Gleichrichtung mit Stolperkanten für den Rotor und Speichenauffänger.

die Wirkungsweise des Teileordnens und darunter der Schnitt durch
den Schöpfring, Speichenaufnehmer und Zuführkanal veranschaulicht.

Gleichrichten mit Hülsenwendestift und Stößer in der Schleuse
(Abb. 72).

Hülsen, deren Mantellängen gleich den Bodendurchmessern sind,
werden in runden Fangöffnungen ohne Rücksicht auf die Lage der
Böden im Rotor aufgenommen. Sie können mit verschieden liegenden
Böden in den Zuführkanal fallen. Bei dem Gleichrichten (s. Abb. 72)
kommen die in den Zuführkanal eingefallenen Hülsen auf oder über
dem Wendestift zu liegen. Sind die Böden unten, so verschiebt ein
waagerechter Stößer seitlich die Hülsen. Liegen die Böden oben, so
kippt der Stößer die Hülsen über den Wendestift. Der Stößer ist etwa
$0,8\,D$ hoch ($D =$ Hülsendurchmesser).

Der Gleichrichtvorgang ist folgender:

Wie auch die Hülse in den oberen Zuführkanal gelangt ist, sie wird
von dem Stößer (*b*) vorübergehend angehalten und erst dann beim
Stößerrückgang freigegeben, wenn der Sperrstift (*d*) bereits eine kurze
Strecke in den Zuführkanal eingedrungen ist. Der Höhenunterschied
von Stößer und Sperrstift entspricht der Länge des Teiles. Nach der
Freigabe der Hülse durch den Stößer legt sie sich auf den Gleichrichtstift (*c*) oder stülpt sich über ihn und wird stets in gleicher Lage im
unteren Zuführkanal aufgeschichtet. Der Stößer wird bewegt durch
ein von der Exzenterwelle gesteuertes Gestänge, dessen Gelenk die
Gabel (*a*) ist.

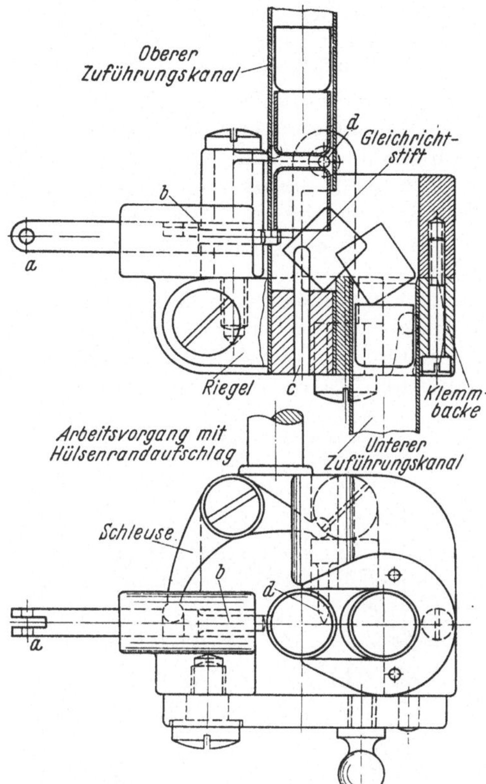

Abb. 72. Gleichrichtung durch Hülsenwendestift und Stößer in der Schleuse.

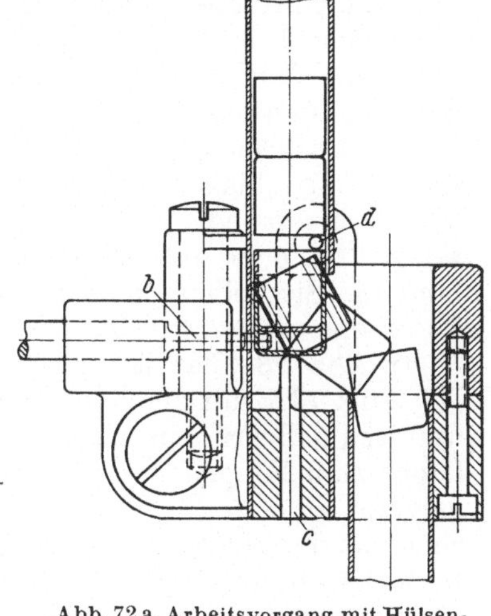

Abb. 72a. Arbeitsvorgang mit Hülsenbodenaufschlag.

Gleichrichten durch Hülsenmanteleinfall mit Kantenaufschlag im Zuführkanal (Abb. 73).

Je kleiner die Längen der Hülsen sind, die schließlich wie dicke Scheiben aussehen können, desto weniger ist mit ihren Böden- bzw. Gesamtgewichten etwas zu erreichen, und deshalb hilft man sich in solchen Fällen damit, ihre Unsymmetrien nutzbar zu machen. Diese Unsymmetrien sind sowohl bei gezogenen Hülsen wie

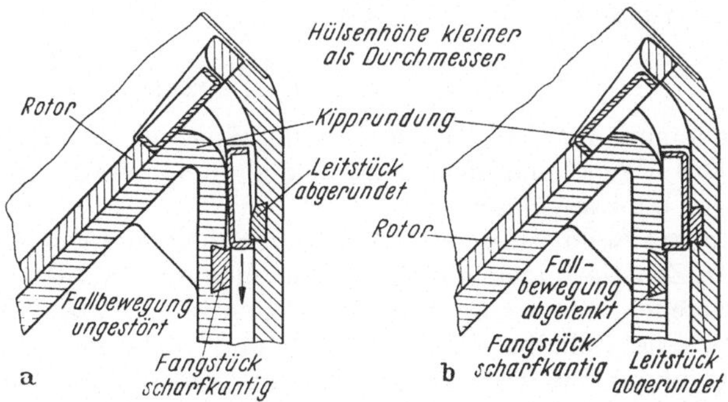

Abb. 73. Gleichrichtung durch Hülsenmanteleinfall mit Kantenaufschlag im Zuführkanal.

bei geschnittenen dicken Scheiben daran erkennbar, daß die Teile auf der einen Seite eine abgerundete und auf der anderen eine scharfe Kante besitzen. Um diese Eigenschaft der Teile zum Gleichrichten auszunutzen, fängt man sie im Rotor so ein, daß sie bei ihrer Ankunft am Zuführkanal über ein Viertel ihres Durchmessers als Auflagefläche zum Kippen kommen und mit der Mantelseite in den Zuführkanal hineinfallen. Dabei ist es gleichgültig, wie sie im Rotor eingefangen waren. Bei ihrem freien Fall schlagen sie auf eine im Kanal vorspringende Kante auf, und zwar entweder mit ihren Abrundungen, die über die Kante hinweggleiten, oder mit ihren scharfen Kanten, die ein Weiterfallen verhindern. Sie rollen dann seitlich aus dem Zuführkanal heraus, was durch einen Sperrstift geregelt wird.

In Abb. 73 a hat sich das Näpfchen mit nach unten liegendem und bei Abb. 73 b mit nach oben liegendem Boden in den Rotor gelegt und ist im Begriff, in den Zuführkanal zu fallen (siehe kleine Auflagefläche zum Kippen des Teiles). Bei Abb. 73 a ist der Augenblick festgehalten, in dem das Näpfchen mit der abgerundeten Bodenkante über die vorspringende Stufe hinweggleiten will, während in Abb. 73 b das Näpfchen an der gleichen Stufe festgehalten wird und dann seitlich aus dem Zuführkanal hinausrollen wird. Das Leitstück rechts im Kanal ist ein abgestimmtes

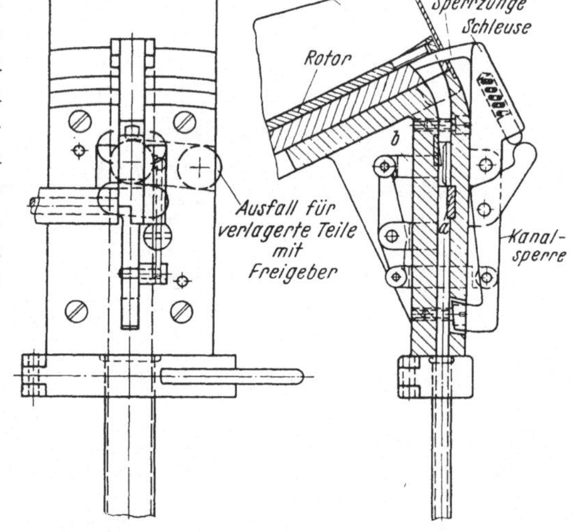

Abb. 74.

Abb. 75. Gleichrichtung durch Unsymmetrie fallender dicker Schnittscheiben.

Distanzstück, um das Teil mit nur wenig Spiel in der Höhe durchzulassen. Das Fang- und das Leitstück sind der Abnutzung wegen gehärtet und blau angelassen.

Abgerundete Schnittränder von dicken Scheiben (Abb. 74) werden besonders in Zentrierungen auf Ziehringen benutzt. Sie lassen bessere Hülsen entstehen, als wenn von der Gegenseite gezogen würde. In Abb. 75 ist eine Scheibe mit runder Kante im Rotor eingefangen und legt sich auf die Sperrzunge. Sobald sich die Sperrzunge nach außen bewegt, fällt die Scheibe mit ihrer runden Kante rechts in den Zuführkanal. Beim Aufschlag auf das Einsatzstück (a) im Kanal wird die Scheibe durch ihre scharfe Kante gehindert, weiterzufallen, und muß seitlich aus dem Kanal rollen. Läge die Scheibe umgekehrt, so würde sie mit ihrer runden Kante über die Stufe hinweggleiten und zur Verarbeitungsstelle gelangen.

Gleichrichtung durch Unsymmetrie rollender dicker Scheiben
(Abb. 76).

Ein anderes Gleichrichtverfahren mit Ausnutzung der Schnittkanten bei dicken Scheiben ist in Abb. 76 gezeigt. Hierzu kann man einen Scheibenrotor mit passenden Einfallöffnungen (s. Abb. 68) oder einen Schleuderteller verwenden, der bei seiner schnellen Drehung durch die Fliehkraft die Scheiben zum Tellerrand befördert und sie

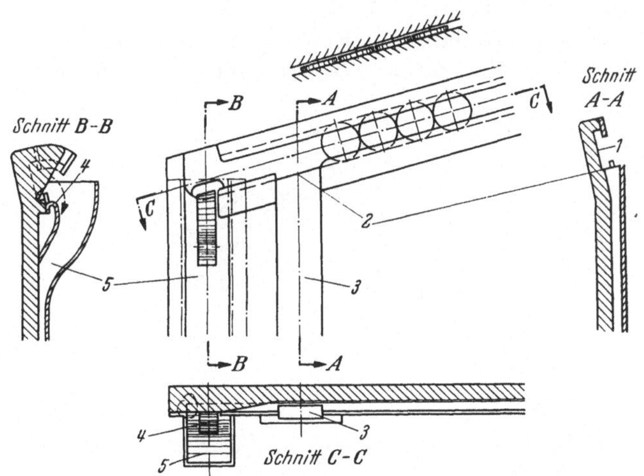

Abb. 76. Gleichrichtung durch Unsymmetrie rollender dicker Schnittscheiben.

dann in den Zuführkanal gelangen läßt. Unter Ausnutzung der ungleichen Scheibenränder — einer scharfen und einer abgerundeten Kante — wird auch hier gleichgerichtet. Bei einem etwa 10° geneigten Schleuderteller werden sich die Scheiben mit einer Seite gegen die Wand (1) legen. Liegt die abgerundete Seite an der Wand, so gleiten die Scheiben mit der abgerundeten Kante über dem schmalen Steg (2) aus und fallen in den Schacht (3), während die Scheiben, die mit der scharfen Kante an der Wand anliegen, über den Steg hinwegrollen, über die Kante (4) kippen und gewendet in den Schacht (5) fallen. Durch einen Schieber können die gleichgerichteten Scheiben in einen gemeinsamen Kanal gebracht werden. Zur Regelung der Zufuhr gelangen die Scheiben über eine Schleuse, die nur eine Scheibe für die Verarbeitungsstelle freigibt. Sollten aber dem Zuführkanal mehr Scheiben zugeführt werden, als er aufnehmen kann, so wirkt die elastisch gekuppelte Kanalsperre. Völlig selbsttätig verhindert sie die Zufuhr so lange, bis einige Scheiben aus dem Zuführkanal verarbeitet sind.

Gleichrichtung durch unsymmetrische Schwerpunktlage eines gestanzten Biegeteiles (Abb. 77/78).

Auch gestanzte Biegeteile können gleichgerichtet werden. Die unsymmetrische Form und Schwerpunktlage des Teiles (Abb. 77) wird beim Gleichrichten nach Abb. 78 ausgenutzt. Das Teil wird im Rotor eingefangen, wobei es gleichgültig ist, ob die offene Seite oben oder unten liegt. Der Schwerpunkt ist in Abb. 77 mit „s" bezeichnet. Liegt das Teil hochkantig auf der Seite (a), so wird es in die stabile Lage auf der Breitseite (b) umkippen, weil der Schwerpunkt dann tiefer liegt. Jedes im Rotor eingefangene Teil wird bis zur Höchstlage der Vorrichtung transportiert, fällt am Eingang des Zuführkanals zuerst auf den Schieber (im Bild rechts oben zu sehen), nach Rückgang des

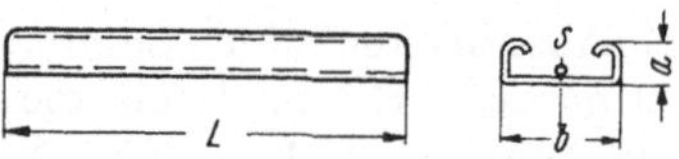

Abb. 77. Gestanzter Biegeteil.

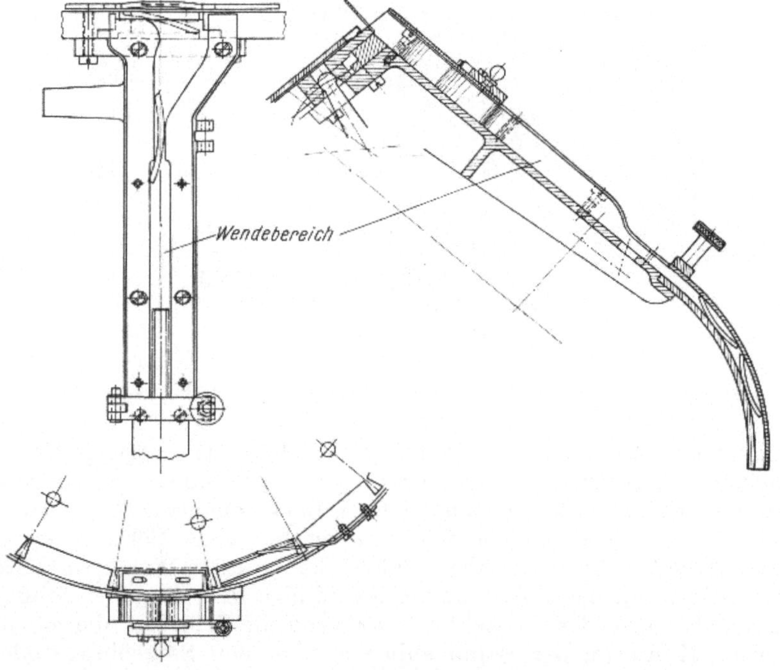

Abb. 78. Gleichrichtung durch unsymmetrische Schwerpunktlage eines gestanzten Biegeteiles.

Schiebers kippt das Teil auf die Schmalseite „a" und danach auf die Breitseite „b". Mit der offenen Seite nach oben wird das Teil vom Schieber in den Zuführkanal gestoßen und nimmt die Lage ein, die im Bild links oben zu erkennen ist. Hinter dem Engpaß gelangt das Teil in den Wendebereich, wo es durch eine Leitleiste um 90° gedreht wird und in dieser Lage bis zur Verarbeitungsstelle wandert.

Gleichrichten von Beschriftungen durch Photozelle und Verstärker (Abb. 79).

Eine interessante Gleichrichtung auf optisch-elektrischem Wege wird mit der Abtastung von Zigarettenbeschriftungen gezeigt, bei der die Zigaretten nach ihrer Abtastung noch einen unbeeinflußten Weg zurücklegen müssen, bis sie in schriftgleiche Lage kommen. Dieses Prinzip soll aber nicht den Eindruck erwecken, daß es nur für Zigaretten anwendbar wäre. Zum einwandfreien Gleichrichten ist gleichmäßige Helligkeit für das Abtasten der bedruckten und unbedruckten Flächen notwendig. Daher wird das Licht einer elektrischen Lampe durch eine

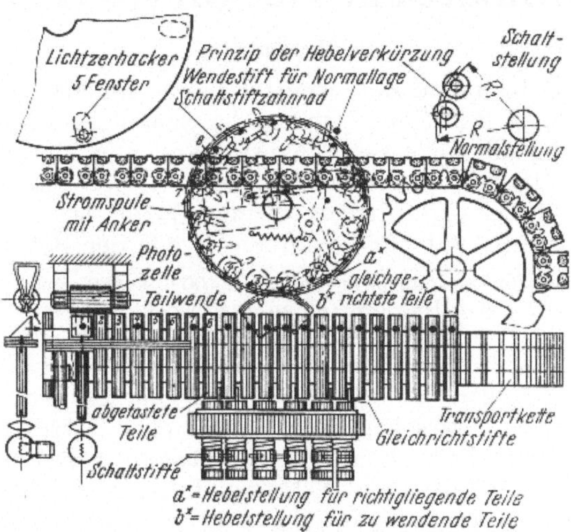

Abb. 79. Gleichrichtung von Beschriftungen durch Photozelle und Verstärker.

Sammellinse und einen Glasstab geleitet, an dessen Ende das Lichtbündel mit einem Lichtzerhacker 7000 mal in der Minute unterbrochen wird. Hinter dem Zerhacker wird das Lichtbündel um 90° durch ein Prisma umgelenkt und durch eine Blende geführt. Der Helligkeitsunterschied zwischen der bedruckten und unbedruckten Fläche veranlaßt die Photozelle zu einem Stromstoß durch einen Verstärker, der einen Spulenanker bewegt und diese Bewegung weiter auf den Schalthebel überträgt. Der Anker der Stromspule wird in seiner Anfangsstellung gehalten durch eine Schraubenfeder, die am Schalthebel befestigt ist. Wie man aus dem Lichtbild ersieht, ist in der Mitte der Transportkette ein großes Zahnrad mit 16 drehbaren Gleichrichtern, die je zwei Schaltstifte besitzen, erkennbar. Der Gleichrichtvorgang kommt hier auf folgende Weise zustande: Durch einen Stromstoß der Photozelle wird der Spulenanker angezogen, er schwenkt den Schalthebel des Gleichrichters und bewegt so den Schaltstift, der dem Hebel am nächsten ist, von (a) nach (b). Für den am Gleichrichter befindlichen Gleichrichtstift wird dadurch der Hebelarm zum Mittelpunkt des Schaltzahnrades hin verkleinert (s. Abb. rechts oben). Während sich normalerweise der Gleichrichtstift (s. Abb. im Grundriß) zwischen den Zigaretten hindurchbewegt, ohne sie zu berühren, bewirkt ein Verstellen dieses Stiftes eine Wendung der Zigarette (s. bei *8*). Zwischen dem Stromstoß und dem Wenden der Zigarette wird vom Wendestift ein Leerweg zurückgelegt, der einer Transportkettenlänge von acht Zigarettengliedern entspricht. Der verstellte Schaltstift wird nach dem Wenden der Zigarette durch einen Rückwendestift in die Normallage zurückbewegt.

K. Automatische Zuführvorrichtungen.

Merkmale.

Im allgemeinen sind Zuführmittel runde, schrägstehende Behälter, in denen sich ein Rotor mit Rippen oder Schaufeln befindet, der durch seine Drehung die Teile im Gehäuse ständig in Unruhe hält, sie in seinen Fangöffnungen aufnimmt und sie bei falscher Lage zum Herauskippen aus den Fangöffnungen zwingt, bevor sie den Zuführkanal erreicht haben. Anhaltspunkte für die Größe der Behälter sind:

Gehäusedurchmesser $D = 400$ bis 450 mm,
Schräglage des Gehäuses etwa 30 bis 40°,
Untere Höhe des Gehäuses etwa $0,5\,D$,
Obere Höhe des Gehäuses etwa $0,15\,D$.

Nach konstruktiven Gesichtspunkten sind die Vorrichtungen für einzelne Zwecke vorgesehen, weil sie für ganz bestimmte Lagen der Teile im Rotor in Frage kommen. Sie müssen unter Berücksichtigung der Flächenquerschnitte und Schwerpunktlagen der Teile ausgeführt sein, um keine Lageabweichungen in den Fangöffnungen des Rotors zuzulassen. Folgende Zuführvorrichtungen, die eine Auslese aus einem gut eingerichteten Stanzereibetrieb sind, können ein anschauliches Bild ihrer Nützlichkeit in mechanisierten Teilfertigungen geben. Gleichrichtmethoden wurden in einem Abschnitt vorweg behandelt. Ihre Anwendung in den Zuführvorrichtungen kann den Bedingungen, die in der Praxis zu erfüllen sind, leicht angepaßt werden. Versuchsreihen kann man in vielen Fällen unterlassen.

Bewährte Zuführvorrichtungen.

Zuführvorrichtung „Schaukeltopf" (Abb. 80).

Verwendung: Zum Schlitzen von Schrauben.

Pendelbewegung des Topfes: $n = 60$ je min.

Schlitzleistung: 120 Schrauben je min bzw. 7200 Schrauben je Stunde und darüber.

Zum Einschrauben: Drehzahl des Schraubenziehers $n \approx 800$ U/min.

Zum Einziehen von Nieten: 20 Stück/min bzw. 1200 Stück/h und darüber.

Zu beachten: Die Leistungsfähigkeit des Schaukeltopfes im Zuführen von gleichgerichteten Schrauben oder Kopfnieten zur Verbrauchsstelle kann u. U. sehr groß sein, wenn mehrere Zuführkanäle zugleich in Betracht kommen. Zuerst war der Schaukeltopf nur für das Schraubenschlitzen bestimmt, wobei er in bezug auf Stückleistung die eigenen Wünsche sehr zufriedenstellte.

Deshalb wurde er auch zum Zuführen von Kopfnieten benutzt mit ebenfalls gutem Ergebnis. Das gleiche Resultat war beim Einziehen von Schrauben mit Unterlegscheiben festzustellen, die aus einer zweiten Zuführvorrichtung mit Bürstenrotor entnommen wurden. Um ein störungsfreies Teilzuführen zum Leitkanal möglich zu machen, muß die vordere Bodenkante des Schaukeltopfes sich mit dem Mittelpunkt der Drehachse decken. Damit verschiedene Schraubengrößen an der Vorderseite des Schaukeltopfes durchgelassen werden, ist eine anschraubbare Platte mit einem entsprechenden Profildurchbruch für die Teile vorzusehen.

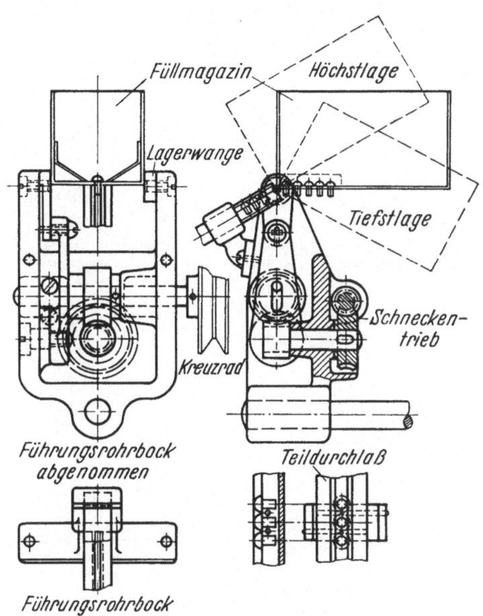

Abb. 80. Zuführvorrichtung „Schaukeltopf".

Die Auswechselbarkeit der Durchlaßplatten macht die Vorrichtung vielseitig verwendbar auch für die Montage.

Zuführvorrichtung mit Schöpfschnecke (Abb. 81).

Verwendung: Für flache Hohlteile, die in Porzellankörper hineingedrückt werden sollen, oder für Muttern, bei denen das Gewinde mit Überlaufbohrern geschnitten werden soll.

Drehzahl der Schnecke: $n = 12$ bis 20 U/min,
Anzahl der Teile im Schneckengang: $z = 14$ Stück,
Wirkungsgrad der Vorrichtung: $\eta = 0{,}8$,
Stückleistung: $z \approx 135$ Stück/min bzw. ~ 8000 Stück/h und darüber.

Zu beachten: Diese Vorrichtung mit zweigängiger Schöpfschnecke kann sowohl flache Hohlteile wie auch Gewindemuttern, aus Blech geschnitten, aus dem Vorratsbehälter entnehmen und sie durch die Schneckengänge zum Zuführkanal transportieren. Das Klebenbleiben der leichten Teile wird durch die Balligkeit der Schneckenflanken verhindert, so daß der Transport nicht gestört wird. Das Richtungsordnen der Teile erfolgt in der Schleuse des Zuführkanals durch einen außermittig stehenden Fühlstift, dessen Hin- und Herweg einer Teillänge entspricht. Dringt der Fühlstift beim Gleichrichten in die große Öffnung des Teiles hinein, so bleibt das Teil unverändert im Zuführkanal liegen. Trifft der Stift auf die Gegenseite, wie es Abb. 81 zeigt, so wird das Teil aus dem Kanal hinausgestoßen. Die Ausstoßöffnung wird von einem gefederten Draht überdeckt, der in der Innenflächenebene des Zuführkanals liegt. Auch für Muttern zum automatischen Gewindeschneiden mit Überlaufbohrern ist diese Vorrichtung ganz ausgezeichnet in ihrer Leistung.

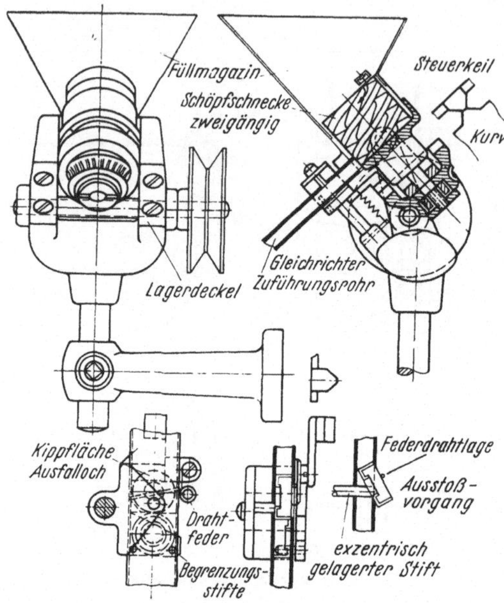

Abb. 81. Zuführvorrichtung mit Schöpfschnecke.

Zuführvorrichtung mit Bürstenrotor (Abb. 82).

Verwendung: Für kleine Teile, z. B. angeflächte Unterlegscheiben, Druckknöpfe und dergleichen.

Drehzahl des Bürstenmotors: bis zu 20 U/min.

Leistung: $z = 140$ Stück min bzw. $\leqq 8400$ Stück/h und darüber.

Zu beachten: Diese Bauweise ist sehr leistungsfähig für das Zubringen von kleinen Teilen, z. B. angeflächten Unterlegscheiben, Druckknöpfen und dgl., sie läßt im Gehäusedurchbruch die Teile nur in bestimmten Stellungen durch und bürstet andere in ab-

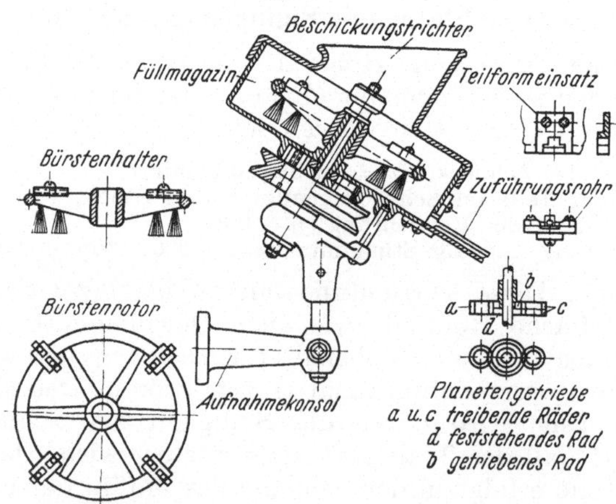

Abb. 82. Zuführvorrichtung mit Bürstenrotor.

weichender Lage von der Durchlaßöffnung weg. Der Bürstenrotor wird mit Schnurscheibe und Umlaufgetriebe gedreht und hält die Teile im

Gehäuse in dauernder Bewegung, so daß durch die kreisenden Bürsten immer neueTeilezumGehäusedurchlaß wandern. DieBürstengeschwindigkeit ist der Geschwindigkeit der Teile, die auf der Schräge abgleiten, anzupassen, weil mit zunehmendem Teilgewicht die Abgleitgeschwindigkeiten größer und die Teileinfänge geringer werden. Der Teildurchlaß ist eine am Gehäuse angeschraubte Platte mit Profildurchbruch, sitzt an der tiefsten Stelle des Gehäuses und ist die Übergangsstelle für die Teile zum Zuführkanal. Durch Auswechslung der Platte ist die Vorrichtung für viele Zwecke zu verwenden. Der Behälter ist zu einem Viertel mit Teilen zu füllen, weil der Wirkungsgrad der Vorrichtung bei dieser Füllung am günstigsten ist.

Zuführvorrichtung mit Schaufelrotor und Förderband (Abb. 83).

Verwendung: Zum Kleinerziehen langer Hülsen mit Boden.

Drehzahl des Schaufelrotors: $n = 8$ bis 10 U/min.

Zu beachten: Die Vorrichtung ist eine Sonderbauweise zum Zuführen langer Bodenhülsen, die nachzuziehen sind. Sie fällt besonders dadurch auf, daß sie sich auf das Förderband als Gleichrichttransportmittel auflegt. Wie aus Bild 83a oben ersichtlich ist, schöpft der

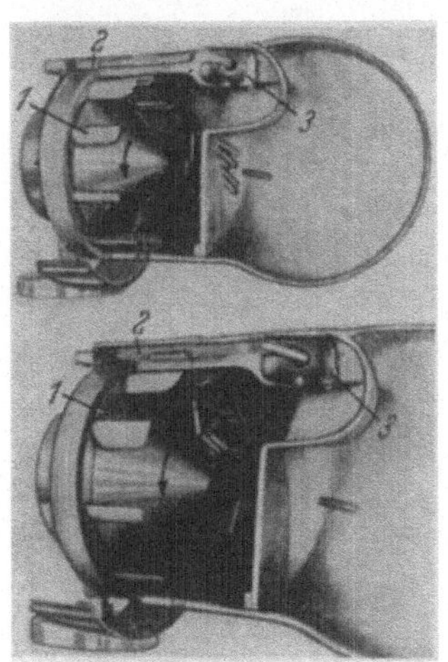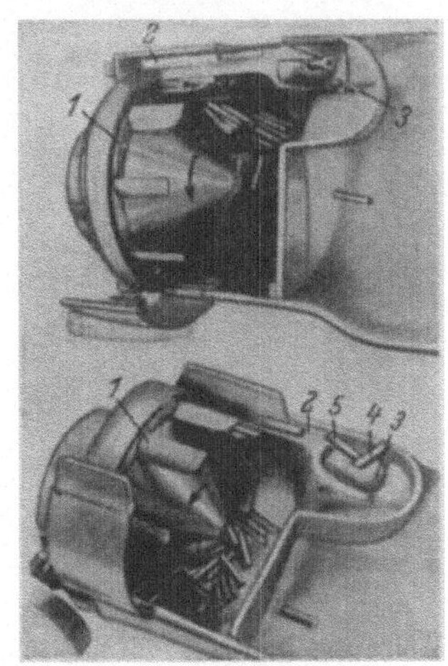

Abb. 83. Zuführvorrichtung mit Schaufelrotor und Förderband.

Schaufelrotor (*1*) die Hülsen aus dem Vorratsbehälter und legt sie auf das Förderband, das sie zur Muschel (*3*) transportiert. Hier wirkt sich die Lage des Hülsenschwerpunktes aus. Bewegt sich die Hülsenöffnung voraus, wenn die Hülse an der Muschel ankommt (Abb. 83a unten), so gleitet die Hülse mit ihrer halben Länge über die Muschel hinaus und beginnt sich in der Einfallöffnung der Muschel aufzurichten. Abb. 83b oben veranschaulicht, wie die Hülse eine senkrechte Lage einnimmt und im Begriff ist, in die Muschelöffnung hineinzufallen.

Um den ganzen Gleichrichtvorgang verständlich zu machen, sind in Abb. 83b unten die einzelnen Hülsenlagen während des Transportes gezeigt:

(*1*) zeigt die Rotorschaufel;
(*2*) zeigt das Förderband mit der daraufliegenden Hülse. Vor der Hülse liegt eine andere, die gerade auf das Förderband rollt;
(*3*) zeigt die Muschel mit der Einfallöffnung für die Hülsen;
(*4*) zeigt eine Hülse, die sich in der Einfallöffnung aufrichtet;
(*5*) zeigt die Hülse, die nach (*4*) folgt und sich gerade vom Förderband in die Muschelöffnung legt.

Zuführvorrichtung mit Scheibenrotor.
Universalausführung (Abb. 84).

Als die Fließfertigungen häufiger wurden, schuf man zur Unterstützung der Arbeitskräfte verschiedene Zuführvorrichtungen, die zum Einhalten des Arbeitstaktes auf dem Fließweg sehr nützlich waren. Infolgedessen war es angebracht, die Teilfertigung dem steigenden

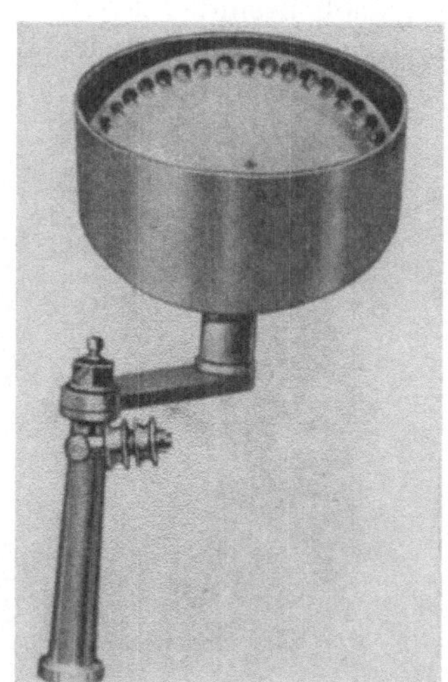

a) vordere Ansicht   b) hintere Ansicht
Abb. 84. Zuführvorrichtung mit Scheibenrotor, Universalausführung.

Bedarf mit geeigneten Werkzeugen und Zuführvorrichtungen anzupassen. Anfängliche Schwierigkeiten bestanden hier vor allem im Richtungsordnen der Teile. Nachdem sie überwunden waren, entstand die Vorrichtung Abb. 84a und b. Diese Vorrichtung zeigte in Stanzereibetrieben für Herstellung von Installationsartikeln ganz ausgezeichnete Leistungen. Man kann die Vorrichtung für fast alle erwähnten Gleichrichtmethoden einrichten. Abb. 84a zeigt die Vorrichtung in der vorderen Ansicht mit den Fangöffnungen im Rotor. Die Öffnungen sind zur Rotormitte für den Teileinfall halbkreisförmig freigefräst und halten

die Hülsen in ständiger Bewegung. Die Vorrichtung ist an der Trag-
säule, die mit zwei Schnurrollen versehen ist, schwenkbar. In Abb. 84b
sieht man von hinten die Vorrichtung mit ihrem Schaltwerk. Der Umbau
von einer Gleichrichtmethode zu einer anderen ist leicht möglich. Die
Vorrichtung wird von der Presse durch einen Schnurtrieb und einen
Schneckentrieb betätigt. Die Rotordrehzahl richtet sich nach der Zahl
der Fangöffnungen ($z = 40$ bis 90).

Anwendung von Gleitnuten im Rotor (Abb. 85).

Mit dieser Vorrichtung sind viele der erwähnten Gleichrichtverfahren
auszuführen. Ihr Anwendungsbereich ist durch die gezeigten Beispiele
bei weitem noch nicht erschöpft. Änderungen an diesen Gleichricht-

methoden sind nur unter Berücksichtigung der in Abb. 62
gegebenen Hinweise vorzu-
nehmen, wenn eine größere
Versuchsreihe vermieden werden soll. Während sonst ein
Rotor stündlich 5000 bis
6000 Teile einfängt und freigibt, fördert ein Gleitnutrotor
stündlich 12000 Stück und
mehr. Wie Abb. 85 zeigt, richtet eine am Vorrichtungs-
gehäuse befestigte Blattfeder
die Teile gleich, indem sie alle
verkehrtliegenden Teile aus
ihren Nuten herauswirft.
Durchschnittlich sammeln
sich zwei bis drei Teile je
Gleitnut, aber manche werden
durch die Teilsperre daran
gehindert, in den Zuführkanal
zu gelangen.

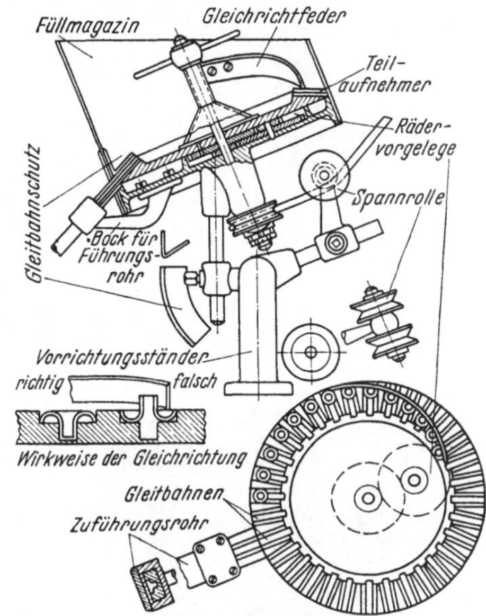

Abb. 85. Zuführvorrichtung mit Scheibenrotor, Anwendung von Gleitnuten im Rotor.

Anwendung eines Gleichrichtstiftes (Abb. 86).

Das Zuführen von langen Hülsen mit Boden, wie es Abb. 86 veranschaulicht, beruht auf einem ganz simplen Gleichrichtverfahren und
gibt der Vorrichtung ein denkbar einfaches Aussehen. Die Gleichrichtmethode (s. S. 85) ist an der Befestigung des Gleichrichtbolzens zu erkennen, die an der Außenfläche der Gleichrichtkammer hervortritt.
Links aus der Kammer springt die Achse der Schaltzunge hervor, die
durch die Scheibenkurve auf der Antriebswelle über zwei Hebel mit
einer Stoßstange betätigt wird. Da gelegentlich am Übergang vom
Rotor zum Zuführkanal Teile festklemmen und zugleich das Schalt-
getriebe stillgesetzt wird, ist zur Lockerung dieser Teile das Handrad

auf der Antriebswelle vorgesehen. Die Schaltzeit zwischen der Freigabe von zwei Teilen ist nach Versuchen etwa 0,5 Sekunden und soll möglichst nicht unterschritten werden.

Abb. 86. Zuführvorrichtung mit Scheibenrotor. Anwendung eines Gleichrichtstiftes.

Anwendung mehrerer Gleichrichtstifte (Abb. 87).

Jedes Teilzuführen, und mag die Menge noch so groß sein, kann mit einer geeigneten Zuführvorrichtung bewältigt werden. Das beweist die Vorrichtung Abb. 87, die einen Scheibenrotor hat mit 10 Entnahmestellen für Zuführkanäle. In dieser Abbildung sieht man die Stellungen der senkrecht bewegten Schieber, ganz links im Bild die Anfangsstellung. Bei der Abwärtsbewegung des Schiebers (1) wird hinter dem Deckel (2) ein waagerechter Schlitz freigegeben. Durch diesen Schlitz fällt die gleichzurichtende Hülse in den Schacht, den der Deckel bildet. Die Hülse fällt auf den Gleichrichtstift (3), sie wendet sich infolge des Übergewichtes der Bodenseite nach unten und fällt in den Zuführkanal. Jede Entnahmestelle hat eine Abtastvorrichtung, die den angefüllten Zuführkanal für weitere Teile drosselt und somit Transportstörungen ausschließt. Unmittelbar bevor der Schieber die tiefste Stellung erreicht, wird der Abtasthebel (4) zurückgezogen und der ankommenden Hülse der Weg zum Zuführkanal freigegeben. Ist dieser Kanal mit Teilen so angefüllt, daß eine Hülse in dem Bereich des Hebels (4)

Abb. 87. Zuführvorrichtung mit Scheibenrotor. Anwendung mehrerer Gleichrichtstifte.

stehenbleibt, dann wird sie von dem Hebel festgehalten. Jetzt hält der Hebel (*4*) mit seiner Ausklinkung (*5*) den Schieber (*1*) an der Raste (*6*) fest. Der Schieber bleibt in seiner tiefsten Stellung und sperrt den waagerechten Einfallschlitz für weiteren Zugang der Hülsen. Dieser Tastvorgang wiederholt sich bei jedem Hub des Schiebers. Eine Entnahmestelle dieser Vorrichtung führt der Verarbeitung stündlich ~5000 Hülsen zu, also die gleiche Zahl wie die Vorrichtung Abb. 86.

Anwendung von Gleichrichtleisten (Abb. 88).

Die Vorrichtung hat die gleichen mechanischen Schaltelemente wie die in Abb. 86 gezeigte Vorrichtung, dazu gehören auch die Gleichrichtleisten (s. S. 88). Auch hier erkennt man links von der Gleichrichtkammer die hervorstehende Drehachse mit der darauf befestigten Schaltzunge und der Gleichrichtleiste, die gleichzeitig mit der Zunge bewegt wird. Wie bei allen bisher behandelten Vorrichtungen wird die Zunge mit einer Scheibenkurve und zwei Hebeln mit ihrer Verbindungsstange periodisch geschaltet. Die Vorrichtung kann an einer Presse angeschraubt sein oder als gesondertes Aggregat für mehrere Maschinen gebraucht werden.

Abb. 88. Zuführvorrichtung mit Scheibenrotor. Anwendung von Gleichrichtleisten.

Anwendung von Fühlstiften (Abb. 89).

Die Vorrichtung ist für runde und lange Hülsen eingerichtet, mit Fühlstiften ausgestattet und zeigt einen neuen Weg im Richtungsordnen. Die Bilder zeigen ihre Rückenansicht, das Schaltwerk und die Gleichrichtkammer.

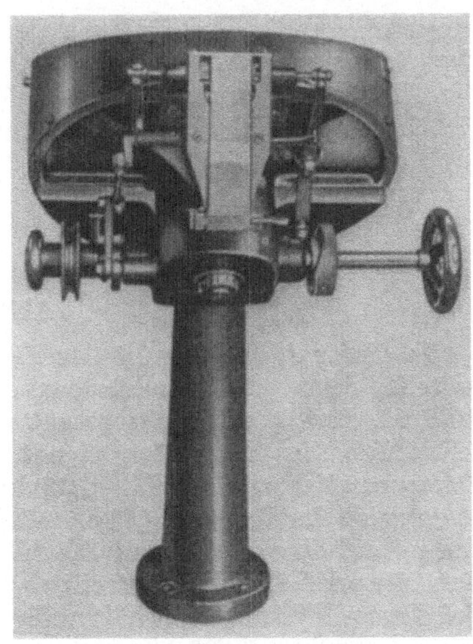

Abb. 89a. Zuführvorrichtung mit Scheibenrotor. Anwendung von Fühlstiften.

Im allgemeinen ähnelt sie fast allen selbsttätig arbeitenden Zuführvorrichtungen mit Scheibenrotoren und kann wegen ihres universellen Getriebeaufbaues zum Zuführen von verschiedenen Formteilen eingerichtet werden. Bei der Vorderansicht der Gleichrichtkammer läßt sich erkennen, daß die Fühlstifte bei ihrem

Abb. 89b. Eingesetzter Zuführkanal, geschlitzt.

Auseinandergehen den größten Abstand erreicht haben. Das trifft in dem Augenblick zu, in dem die Hülse von einem der beiden Fühlstifte nach unten abfällt. Der Abstand der beiden Fühlstifte ist durch Mutter und Gegenmutter einstellbar. Gegenläufig bewegt werden die Stifte von der Steuerkurve auf der Antriebswelle. Von der Steuerkurve aus betätigt der Kurvenhebel mit seiner Verbindungsstange den rechten und linken Fühlstifthebel zugleich. Aus der Anordnung der Verbindungsstange für beide Fühlstifthebel kann man die gegenläufigen Bewegungen der beiden Hebel verstehen. Der rechte Hebel ist mit einer Druckrolle versehen und abstehend von der Steuerkurve eingestellt. Er wird von der Verbindungsstange in Zugrichtung der Schraubenfeder an die Steuerkurve gedrückt. Abb. 89b zeigt dieselbe Vorrichtung mit eingesetztem Zuführkanal, der an der Gleichrichtkammer mit einem Hebelüberwurf gehalten wird. Der Kanal muß geschlitzt sein, damit man festklemmende Teile von außen her lockern kann.

Zuführvorrichtung mit einem Aufnahmedach für Zigaretten.
(Abb. 90).

In dieser Abbildung ist das Zigarettenverpacken schematisch dargestellt, dazu gehört auch das optisch-elektrische Gleichrichten in Abb. 79. Damit soll nicht gesagt sein, daß die Vorrichtung sich ausschließlich für Zigaretten eignet. Die Zigaretten liegen auf einem Kartonstreifen mit den Mundstückbeschriftungen auf einer Seite. Von Hand wird der Behälter (A) so mit Zigaretten gefüllt, daß die Beschriftungen auf einer Seite sind. Nach dem Einlegen der Zigaretten in den Behälter wird der Kartonstreifen an einem Ende wieder herausgezogen. Bei diesem Füllen des Behälters lagern sich die Zigaretten schichtweise auf den Dachschrägen (B) und versuchen, sich den Eingangsöffnungen der senkrechten Leitkanäle zu nähern. Das selbsttätige Füllen der Kanäle mit Zigaretten wird erreicht durch Erschütterungen des Magazins mit dem Kniehebel (D) und der Schüttelkurve (E) und durch Auf- und Abwärtsbewegungen des Ausstoßschlittens (K) mit Hilfe des Knie-

gelenkes (*L*) und der Scheibenkurve (*M*). Angetrieben wird die Schüttelkurve von der Steuerkurve (*N*) mit Rollenkette und Kegelradtrieb (*J*)
sowie den Zahnrädern (*F*) (Übersetzung 1 : 3). Der Ausstoßschlitten (*K*)
wird mit 12 Stößern gehoben und gesenkt. Ein gutes Einlagern der
Zigaretten in den Leitkanälen wird damit erzielt. Nach 12 Vorschüben

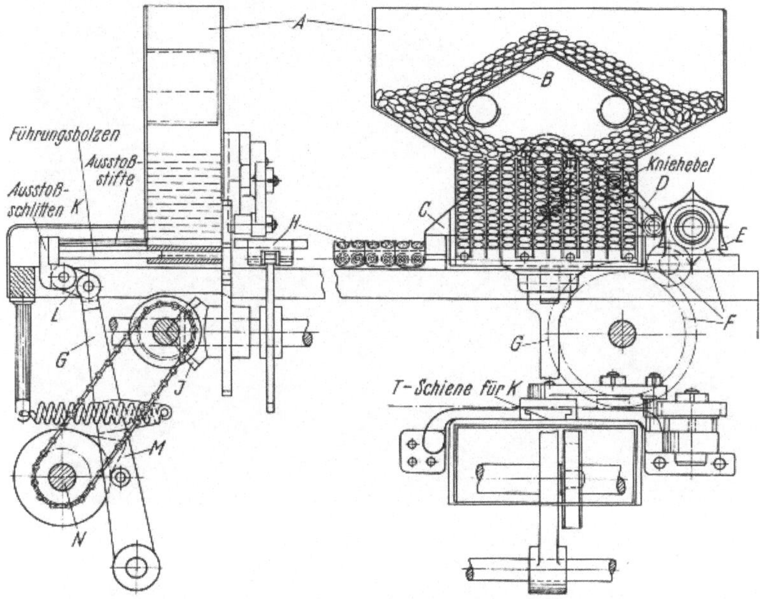

Abb. 90. Zuführvorrichtung mit Aufnahmedach für Zigaretten.

der Transportkette (*H*) wird der Ausstoßhebel (*G*) durch die Scheibenkurve (*M*) bewegt und schiebt den Ausstoßschlitten weiter, der nun
die Zigaretten in die Einlagestellen der Transportkette hineinstößt.
Obwohl das Eigengewicht der Zigaretten sehr klein ist, werden trotzdem
alle stehenden Leitkanäle im Behälter vollständig gefüllt. Je nach Größe
der Packung werden die Vorrichtungen auch mit weniger als 12 Leitkanälen ausgeführt.

Zuführvorrichtung mit Handbedienung (Abb. 91).

Durch ein stufenlos regelbares Drehzahlgetriebe mit Antrieb durch
Kleinmotor wird diese Vorrichtung im gleichen Zeitabschnitt wie die
Stößelhübe der Presse betätigt. Nach dem Einschalten der Vorrichtung bei (*B*) wird die Hubzahl durch die Spindel bei (*A*) im Bereich
von 25 bis 60 je min geregelt. Auf dem Bild ist die Vorrichtung für
Einlegearbeiten eingerichtet und verhindert, daß die bedienende Hand
in die Gefahrenzone der Presse kommt. Nimmt man eine Zuführvorrichtung mit Scheibenrotor, wie sie Abb. 84 zeigt, hinzu, so ist
diese Vorrichtung u. U. in einen Stanzautomaten umzuwandeln. Bei
ausgeschwenktem Zubringhebel legt die Arbeitskraft das Nutzteil in

die mit einer Spannzange versehene Einlage (*D*) und drückt dann auf den Einrückknopf (*C*). Nun bewegt sich der Zubringhebel zum Werkzeug mit Auswerfer (*E*) hin und zurück während der Umformung des Stanzteiles. Bei herabgedrückt arretiertem Einrückknopf arbeitet die

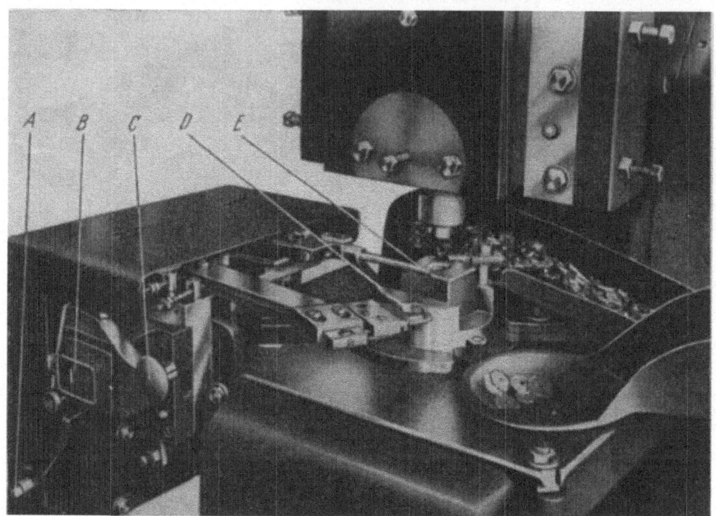

Abb. 91. Zuführvorrichtung für von Hand beschickte Teile.

Anlage ununterbrochen, und das Einlegen der Teile im Zubringhebel kann nun laufend im Tempo der Stößelhübe erfolgen, ohne die Hand einer Unfallgefahr auszusetzen. Der ganze Aufbau von Vorrichtung und Werkzeug auf der Presse macht einen guten Eindruck. Als gut gelöst ist die Entnahme der Teile aus einem Behälterteller und die Abwanderung der Stanzteile in einem Ableitkanal hervorzuheben.

Anwendung einer selbsttätigen Zuführvorrichtung für eine Exzenterpresse (Abb. 92).

Die völlige Mechanisierung einer Presse mit einer selbsttätigen Zuführvorrichtung ist zu erreichen, wenn bei der Vorrichtung ein nicht zu kurzer Zuführkanal zur Aufnahme von Vorratsteilen vorgesehen wird. Der Vorteil ist, daß man die Maschine ohne menschliche Hilfskraft automatisch arbeiten lassen kann. Bei dieser einfachen Werkzeugausführung und dem geringen Platzbedarf kann sie in Verbindung mit einem zweiten Werkzeug auf einem gemeinsamen Pressentisch betätigt werden. Über diese Möglichkeit auf werkzeugtechnischem Gebiet sollte man nachdenken. Ein kegelförmiger Rotor der Zuführvorrichtung wird von der Presse angetrieben, er nimmt runde Scheiben auf und läßt sie zum Werkzeug weiterwandern. Im Rotor sind zentral verlaufende Nuten mit der Breite der Scheibendurchmesser und 10%

tiefer als die Scheibendicken eingefräst und vor allem rissefrei ausgeführt. Die Drehzahl des Rotors ist etwa fünf je Minute. Die Scheiben
werden im Rotor eingefangen und gelangen über den Zuführkanal zur
Spannzange. Die Zange öffnet sich kurz nach dem Arbeitsvorgang

Abb. 92. Anwendung einer selbsttätigen Zuführvorrichtung für eine Exzenterpresse.

beim Aufwärtsgang des Stößels, um eine neue Scheibe aufzunehmen.
Die Zange hat einen Schwenkhebel und eine Steuerrolle und wird mit
einem Triebkeil vom Stößel be-
tätigt; sie führt bis zu 70 Bewegungen je Minute aus. Es bedarf nur einer kurzen Einricht-
zeit, wenn man die Presse vom
normalen Zustand zum mechanisierten Betrieb umstellt.

Anwendung einer selbsttätigen Zuführvorrichtung für eine Revolverpresse (Abb. 93).

Bei der Betrachtung der
Maschine und der Ansatzhülsen
für Kurzschlußsicherungen, die
mit der Presse hergestellt werden sollen, ist ein Vergleich mit
einem V-Werkzeug naheliegend.
Warum ist eine Revolverpresse
und nicht ein V-Werkzeug hier
geeignet? Aus praktischen Er-
wägungen ergibt sich die Ant-
wort, daß für kleine zylindrische
Hülsen ohne Ansatz mit 3- bzw.
5fachen Schnittzügen in einem
Werkzeug eine sehr ansehnliche
Stückleistung zu erzielen ist.

Abb. 93. Anwendung einer selbsttätigen Zuführvorrichtung für eine Revolverpresse.

Das ist aber mit Ansatzhülsen im V-Werkzeug nicht im entferntesten
zu erreichen. Das stufenweise Ziehen der Hülsenansätze aus einer Topf-

form heraus auf einer Revolverpresse steht in der Fertigungsmenge hinter einem 5fach wirkenden Werkzeug keineswegs zurück und bedarf keiner Handbedienung, wenn eine Zuführvorrichtung verwendet wird. Bis zum fertigen Ansatzdurchmesser der Hülse wird im Ziehverhältnis

$$m = \frac{d}{D} = 0,75 \ldots 0,8$$ kleiner gezogen. Wie aus der Abbildung hervorgeht, bewegen sich die vorgezogenen zylindrischen Hülsen von der Zuführvorrichtung, die nach dem Verfahren in Abb. 68/69 arbeitet, zu dem Scheibenzubringer. Die Hülsen werden bei der schaltweisen Drehung des Zubringers in den Revolverteller gelegt, wo sie stufenweise bis zur Fertigform gezogen werden. Sofern die Durchmesserverkleinerungen durch abgesetzte Stempel erfolgen, werden die Teile nach oben und nach Fertigstellung ihrer Form aus dem Revolverteller herausgestoßen.

L. Fließweganlagen für Fertigungsteile.

Bei der Bezeichnung „Fließweg für Fertigungsteile" ist der Sinn des Wortes unmißverständlich, unsicher ist aber, wie dieser Weg zustande kommen soll. Hier liegt folgender Gedanke zugrunde: Sind die Teile in einem V-Werkzeug nicht restlos vom Halbzeug bis zu ihrer Fertigform herzustellen, so werden sie von Maschine zu Maschine transportiert, nötigenfalls auf diesem Wege einer Wärmebehandlung unterzogen und anschließend weiter mechanisch bearbeitet.

Förderband mit Fangdornen für Hohlteile zur Beschickung eines Zuführkanals (Abb. 94).

Hier wird ein Förderband (A) gezeigt, das aus dem Vorratsbehälter (D) die Hohlteile entnimmt und sie zum Zuführkanal (E) bringt. Das

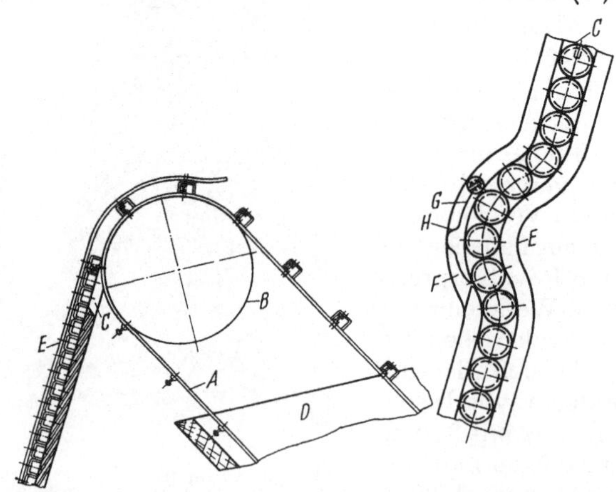

Abb. 94. Förderweg mit Fangdornen für Hohlteile zur Beschickung eines Zuführkanals.

Förderband läuft über zwei Laufscheiben (B), die von der Presse angetrieben werden. Die Beschickung des Zuführkanals geht deutlich aus der Abbildung links hervor. In der rechten Abbildung sieht man die Sperre im Zuführkanal, die ein Festklemmen der Teile durch eine Auswegweiche verhindern soll. Der Zuführkanal ist an der Stelle (E) ausgebuchtet und hat bei (F) eine Öffnung, die von der beweglichen Klappe (G) durch das Eigengewicht so lange bei (H) überdeckt bleibt, wie Teile aus dem Kanal entnommen werden. Sobald aber mehr Teile in den Kanal treten, öffnet sich die Klappe unter dem Druck der Teile nach außen und läßt ein Teil frei heraustreten. Dieses zuviel geführte Teil wandert durch einen Nebenkanal zurück in den Behälter (D).

Förderbandaggregat mit Einzelantrieb (Abb. 95).

Im Gegensatz zu ortsfesten Förderbändern sind transportable für Einzelantrieb mit Motor oder von der Transmission betätigt hervorzuheben, die für viele Zwecke in Frage kommen. Hierbei sind Motoren mit Drehzahlregelung vorteilhaft, weil sonst am Motor Zahnräder ausgewechselt werden müßten, um mit ihrer Übersetzung die Fließbandgeschwindigkeit anzupassen. Bei motorlosen Aggregaten ist gegebenenfalls die Antriebsscheibe auszuwechseln. Die Ausführung des Antriebs hängt von der Größe der Teile und ihrem Gewicht ab. Hier handelt es sich um ein Förderband, das bei der Herstellung von Zargen (50 mm ⌀ und 160 mm lang) an Langfalz-, Doppelbördel- oder Bodenaufwalzmaschinen benutzt wird. In Sonderfällen werden

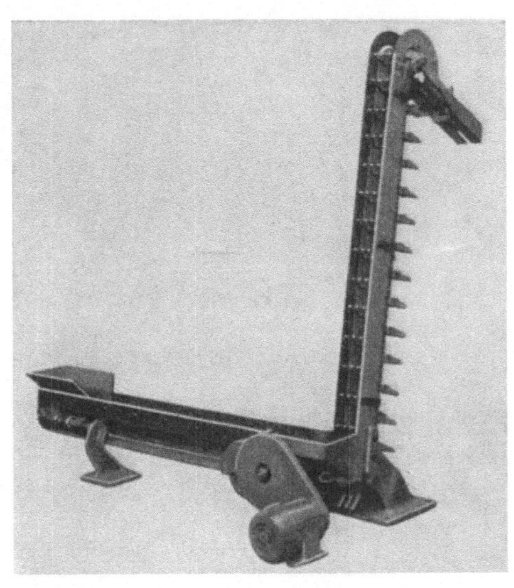

Abb. 95. Förderbandaggregat für Einzelantrieb.

auch im Winkel einstellbare Förderbänder angewendet, die das Richtunggeben des Fließbandes sehr erleichtern. Wird eine transportable Anlage ungenügend ausgenutzt, so ist eine ortsfeste zu bevorzugen, wie sie nachfolgend gezeigt wird.

Ortsfeste Förderbandanlage zur Versorgung von drei Sickenmaschinen (Abb. 96).

Wie rechts auf dem Bild zu erkennen ist, gelangen die gezogenen Teile von der Presse in den abfallenden Zuführkanal und wandern darauf infolge ihres Gewichtes zum Förderband, das mit seinen Fangarmen die Teile zu den beiden obenliegenden Zuführkanälen bringt.

Beide Kanäle liegen 30° schräg, sie und ihre Abzweigungen münden in die mit Sperren versehenen senkrechten Kanäle der drei Maschinen. Um eine gleichmäßige Versorgung zu ermöglichen, gehen beide oberen

Abb. 96. Ortsfestes Förderbandaggregat zur Versorgung für drei Sickenmaschinen.

Kanäle bis zur letzten Maschine und stauen die Teile auf ihrem Wege gleichmäßig. Es handelt sich hier um drei Sickenmaschinen, die Installationsteile mit Innen- oder Außenwulsten oder mit Gewinde versehen,

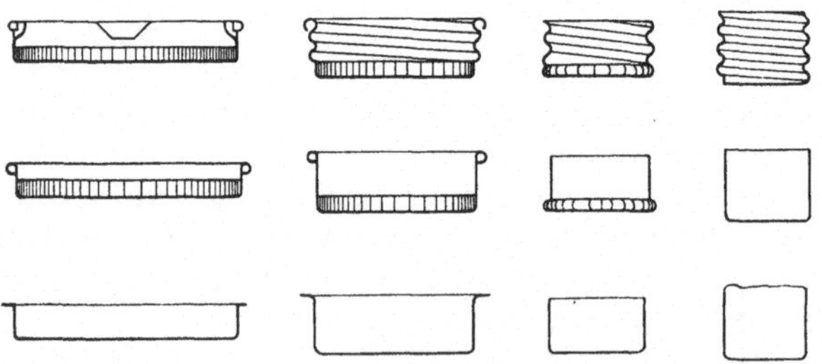

Abb. 96a. Entwicklungsstufen von Hohlteilen mit Ziehpresse und Sickenmaschinen hergestellt.

wie in Abb. 96a dargestellt ist. Nach Vollendung eines Arbeitsganges wird das Teil von der Maschine freigegeben und fällt durch die Ausfallrinne in den Sammelbehälter. Diese Fließweganlage ist auf einer kleinen Werkraumfläche zusammengefaßt und bedarf nur einer Arbeitskraft für die Inganghaltung der Maschinen.

Fließweganlage mit hintereinandergekoppelten Förderbandaggregaten (Abb. 97).

Bei den Fließwegarbeiten, die zur Fertigstellung der Teile erforderlich sind, ist mit Hilfe von zwischengeschalteten Förderbändern die Vollautomatisierung einer Vielzahl von Maschinen möglich. Die Anzahl der durch die Förderbänder verbundenen Maschinen, wie sie in Abb. 97 gezeigt wird, ist von den erforderlichen Arbeitsgängen abhängig. Die

Abb. 97. Fließweganlage mit hintereinandergekoppelten Förderbandaggregaten.

Zahl der Arbeitsgänge wiederum hängt von der Verformbarkeit des Werkstoffes ab. Daraus ergibt sich die Maschinenanzahl. So ist es notwendig, daß man die Fertigungsteile durch einen Ofen schickt, wenn sie ihre Verformungsgrenze erreicht haben, und sie dann weiterverarbeitet. In diesem Falle ist eine Wärmebehandlung der Teile, die mit Sicken versehen werden, nicht notwendig. Die Arbeitsgänge, die diese Maschinengruppe ausführt, sind mit den Zahlen *1* bis *4* gekennzeichnet. Angewendet wird diese Fließweganlage bei Installationsartikeln wie z. B. Lampenfassungen, Sockeln, Sicherungen usw., die laufend in großen Mengen hergestellt werden.

Fließweg eines Blechbandes für Dosenverschlußdeckel (Abb. 98).

Das Blechband von einer Haspel rechts im Bild wandert zuerst durch die Richtwalzen, die die im Band vorhandenen Wellen zu glätten haben, dann zu den zwei Vorschubvorrichtungen, die eine mit Schub-, die andere mit Zugwalzen versehen, um das Blechband zwischen den Vorrichtungen und den Schnitt- Stanzwerkzeugen straff zu halten. Beide V-Werkzeuge schneiden und stanzen zugleich die formgemäßen und eindrückfähigen Dosenverschlußdeckel aus. Aus beiden Werkzeugen fallen also zwei Verschlußdeckel, die in die Gleitbahnen unter der Maschine und durch die anschließenden kreisförmigen Leitkanäle zu den beiden Stapelvorrichtungen gelangen. Die Stapelvorrichtungen bestehen aus je zwei nebeneinanderlaufenden Transportschnecken, in deren Gängen die Verschlußdeckel durch Kegelrädergetriebe von unten nach oben befördert werden. Dadurch, daß sich die Zahl der Verschluß-

Abb. 98. Fließweg eines Blechbandes für Dosenverschlußdeckel.

deckel von unten her ständig vermehrt, entstehen die Stapel auf beiden Seiten der Maschine. Die Maschine hat eine Hubzahl von rund 135 je Minute und stellt etwa 14000 Deckel in der Stunde her. Ihre Einrichtezeit beträgt etwa drei Stunden.

Fließweg zweier nichtmetallischer Halbzeuge mit Walzenvorschub und Revolverteller (Abb. 99).

Von beiden Rollen der Haspel vor der Presse werden zwei nichtmetallische Bänder, das eine aus paraffiniertem Papier und das andere aus Pappe, durch eine Walzenvorschubvorrichtung abgewickelt und zu dem Scheibenschnitt über dem Revolverteller geführt. Zuerst wird der Revolverteller mit Metallkapseln der Dichtungsverschlüsse gefüllt. Auf der rechten Seite der Maschine befindet sich die Einlegestelle für die Metallkapseln und vorn vor der Maschinenmitte über dem Revolverteller der mit perforiertem Schutzblech umgebene Feststoßstempel für die Kapseln. Verfolgt man die Richtung der zugeführten Bänder über die Vorschubvorrichtung hinaus, so ist der Schnittstempel von dem Scheibenschnitt freistehend deutlich zu erkennen. Hier werden aus beiden übereinanderliegenden Bändern die Scheiben ausgeschnitten, die sich über die Kapseln im Revolverteller legen, während der verbleibende Bandabfall nach hinten wandert und dort in einem Behälter eingestampft wird. Nach Schaltung und Rechtsdrehung des Revoltellers werden die Doppelscheiben in die Metallkapseln hineingedrückt mit Werkzeugen, die Niederhalter haben. Nach weiteren Schaltungen des Revolvertellers wird der Boden des Papiertopfes zweimal in der Kapsel festgedrückt und dann das fertige Teil ausgestoßen (im Bild hinten rechts zu erkennen). Abb. 99a zeigt den Papierbelag und die Kapsel.

Fließweganlage mit Förderband, das in Tischhöhe läuft (Abb. 100).

Die zunehmende Fließfertigung beim Zusammenbau industrieller Erzeugnisse benötigt kurzfristige Zulieferungen von Teilen, so daß es geboten ist, daß Teilfertigung und Zusammenbau im gleichen Arbeitstakt ablaufen. Sollen die Bedürfnisse des Zusammenbaues erfüllt werden, dann muß die Aufnahmefähigkeit des Zusammenbaues gleich der Zulieferung von der Teilfertigung sein, d. h. an Stelle der Einzelgangwerkzeuge sind V-Werkzeuge in der Produktion zu verwenden, um mit

Abb. 99. Fließweg zweier nichtmetallischer Halbzeuge mit Walzenvorschub und Revolverteller.

dem Zusammenbau gleichen Schritt zu halten. Bei der entstehenden Produktionssteigerung darf aber keineswegs die Güte leiden, und man ist dadurch gezwungen, nach Toleranzen bzw. nach dem Austauschverfahren zu arbeiten, um eine gute Qualitätsware zu erzeugen. In diesem Zusammenhang sei auf die Leitsätze von Prof. O. Kienzle [Fließarbeit (Beiträge zu ihrer Einführung) A. W. F.] vom Jahr 1926 verwiesen, in denen es u. a. heißt: „Der Austauschbau ist als Problem der Güte-

Abb. 99a. Dichtungsverschluß Kapsel/Papierbelag.

erzeugung für die Fließarbeit geradezu eine Vorbedingung und Voraussetzung.“

Durch rein mechanische Maßnahmen, durch Toleranzen, Lehren usw. wird die Güte des Erzeugnisses ganz unabhängig von Sonderleistungen befähigter Leute so weit gesteigert, daß beim Übergang aus der Teilefertigung in den Zusammenbau eine Nacharbeit an einzelnen Stücken möglichst vermieden wird, und daß jedes einzelne Stück einer

Zusammenbaureihe mit jedem beliebigen Gegenstück einer anderen
Serie ohne weiteres zusammenpaßt.

Das Grundlegende in der fließenden Fertigung besteht darin, daß
nicht die Arbeitskraft nach eigenem Ermessen und Behendigkeit die
Maschine betätigt, sondern umgekehrt die Maschine den Zeitpunkt für
die Handgriffe vorschreibt, der notwendig ist zur Erhaltung des Arbeitstaktes der Fließweganlage. Sollen in einer Fließweganlage Störungen
des Arbeitsablaufes vermieden werden, dann müssen auch die Zeiten
für die Wege des Förderbandes von einem Arbeitsplatz zum folgenden,
die Arbeitszeiten der beteiligten Maschinen und die für die Arbeitsgänge erforderlichen Griffzeiten richtig bemessen sein. Bei Maschinen
mit Einzelantrieb ist eine Umstellung der Förderbandarbeiten mit

Abb. 100.
Fließweganlage mit in Tischhöhe laufendem Förderband.

geringen Unkosten vor-
zunehmen. Abb. 100 zeigt
eine Fließweganlage in
einem Stanzereibetrieb, bei
der die Maschinen seitlich
vom Förderband mit ver-
schieden großen Anlauf-
wegen für die Arbeitsplätze
vorgesehen sind. Auffällig
sind die Leitschienen, mit
denen man die Teile nach
denArbeitsplätzen schleust
um lange Armbewegungen
für die Arbeitskräfte zu
vermeiden und dadurch
Zeit zu gewinnen. Trotz
aller erdenklichen Maß-
nahmen sind Fertigungs-
störungen am Fließband
nicht ganz zu vermeiden,
z. B. Fehlgriffe, Werkzeug-
brüche und -stumpfung,
Personenwechsel bei drin-
genden menschlichen Bedürfnissen und dergleichen mehr. Alle
diese möglichen Zeiten sind als Verlustzeiten für die Fließweganlage
bei der Kalkulation der Fertigungsteile mit zu berücksichtigen.
Arbeitsunterbrechungen müssen vermindert werden, deshalb sind
V-Werkzeuge mit größeren Instandsetzungsarbeiten bei Bruch oder
Verschleiß möglichst nicht zu verwenden. Außerdem rächt es sich
immer, bei V-Werkzeugen mit wenigen Arbeitsgängen am Fließband
auskommen zu wollen, weil die Werkzeuge größerer Einrichtezeiten
bedürfen und dadurch die Anlageleistung herabsetzen. Bei einer wirtschaftlich arbeitenden Fließweganlage sind folgende Bedingungen zu
erfüllen:

1. Die für die Anlage aufzubringenden Kosten sollen einschließlich
der Raummiete nicht 20% der Löhne für den Gesamtauftrag übersteigen.

2. Das Förderband ist möglichst mit einem stufenlosen Vorsatzgetriebe zu versehen, um bei der Umstellung auf ein neues Erzeugnis den Arbeitstakt für die neue Bandgeschwindigkeit einstellen zu können.

3. Alle erforderlichen Einrichtungen, z. B. Leitschienen, sind möglichst universell zu gestalten, damit sie für eine neue Arbeit benutzbar bleiben.

4. Die am Förderband vorgesehenen Maschinen sind mit Einzelantrieb viel vorteilhafter als ohne ihn, weil sie ohne größere Zeitverluste bei Maschinenwechsel auf einen beliebigen Platz gestellt werden können.

5. Gute Helligkeit aller Arbeitsplätze ist wichtig.

Vergleichsbeispiele.

Fließweg vom Drehbankplatz zur Bohrmaschine (Abb. 101).

Im engen Zusammenhang mit der spanlosen Fertigung steht auch die spangebende, weil sie zur Vollendung der Stücke für den Zusammenbau oft mit

Abb. 101 a.

herangezogen werden muß. Wenn nun der zeitbestimmende Fertigungsfluß bei der Weiterverarbeitung der Stücke im Gleichschritt für beide Maschinen verlaufen soll, dann sind die notwendigen Arbeits-

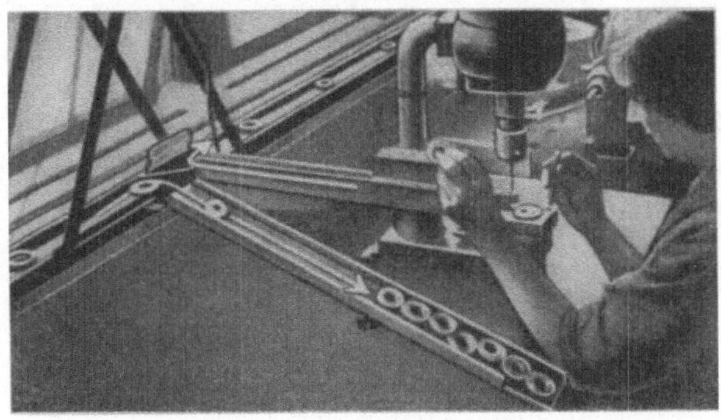

Abb. 101 b. Fließweg vom Drehbankplatz zur Bohrmaschine.

gänge im Zeitverbrauch denen aus der Stanzerei anzupassen. Die Teile, die spanabhebend zu bearbeiten sind, werden mit dem Förderband über eine Weiche dem Drehbankplatz oder dem der Bohrmaschine zugeführt und sammeln sich entweder auf einem Tischpult oder in einem Sammelkasten. Aus diesen Sammelstellen wird ein Teil entnommen, bearbeitet und dann in die Einwurfsspalte für das Fließband hineingelegt. Durch sein Gewicht rollt das Teil zum Fließband und legt sich flach darauf. Das fortwährende Kommen und Gehen der Stücke am Arbeitsplatz veranlaßt die Arbeitskraft, das Tempo der Arbeit konstant zu halten, da durch ein Nachlassen der schaffenden Hand die Teile sich immer mehr am Arbeitsplatz ansammeln würden. Von der Drehbank bewegt sich das Teil zum Platz der Bohrmaschine (links im Bild das ankommende Teil) und gelangt, der Weglinie folgend, in den Zuführkanal des Arbeitsplatzes. Die Bohrerin bohrt und schneidet Gewinde in die Löcher (rechts neben ihr die Gewindeschneidemaschine); dann legt sie das Teil in den rechten Abwanderungskanal. Das Teil läuft in der Richtung des auf dem Bilde gezeigten Pfeiles. Ein störungsfreies Arbeiten wird gewährleistet, wenn alle Arbeitsgänge einwandfrei eingerichtet und die Arbeitskräfte hierfür gut ausgesucht sind.

Fließweganlage für sechs Arbeitsplätze (Abb. 102).

In Abb. 102 wird eine Anzahl von hintereinander angelegten Arbeitsplätzen gezeigt, die durch ein Fließband mit Fertigungsteilen beliefert werden. Die dem ersten Arbeitsplatz zugeführten Stücke werden von

Abb. 102. Fließweganlage für sechs Arbeitsplätze.

dem Sammeltisch entnommen, gebohrt, die Bohrlöcher gratfrei gesenkt und die Teile in den Sammelbehälter gelegt, von dem aus sie sich über eine Transportschnecke in der Richtung der Weglinie (s. Abbildung) zum Fließband bewegen. Von hier aus gelangen die Stücke zu einer Fräsmaschie, auf der eine Arbeit ausgeführt wird, deren Bearbeitungszeit nicht größer als bei den anderen Maschinenarbeiten sein darf, wenn der Arbeitstakt der Fließweganlage erhalten bleiben soll. Im Bild ist der Augenblick festgehalten, in dem ein Fertigungsteil auf der Fräsmaschine bearbeitet ist und dem Leitkanal zugeführt wird. An den nächsten Arbeitsplätzen der Anlage wird das Stück nach dem Fräsen nochmals gebohrt, geprüft und anschließend maschinell behandelt. Trotz des Transmissionsantriebes für das Fließband und die Bearbeitungsmaschinen ist die Anlage bei guten Lichtverhältnissen auf einem nur kleinen Platz im Werkraum untergebracht. Hiermit soll vor Augen geführt werden, wie mustergültig sich eine Fließweganlage mit Transmissionsantrieb einrichten läßt, wenn sinnvolle Transportwege für die Stücke von einem zum anderen Arbeitsplatz gelegt werden. Dies kann auch von der Stanzerei übernommen werden.

Bezeichnungen und Abkürzungen.

Zeichen	bedeutet	Zeichen	bedeutet
A	Schnittarbeit in m kg,	S	zurückzulegender Weg in m,
B_r	Streifenbreite in mm,	S_s	Seitenabschneiderabschnitt in mm,
c	Konstante in kg/mm²,	t_h	Hauptzeit der Fertigung in min,
d	Drahtdurchmesser in mm,	t_n	Nebenzeit in min,
D	Scheibendurchmesser in mm,	t_g	Fertigungsgrundzeit in min,
D_a	Topfscheibendurchmesser in mm,	t_v	Fertigungsverlustzeit in min,
D_i	Topfinnendurchmesser in mm,	t_r	Rüstzeit (Einrichtezeit) in min,
D_{max}	Großer Stufenscheibendurchmesser in mm,	t_E	Einführung des Streifens in das Werkzeug in min,
D_{min}	Kleiner Stufenscheibendurchmesser in mm,	t_A	Streifenauslaufzeit in min,
E	Elastizitätsmodul in kg/cm²,	t_M	Zeitverlauf nach Einrückung der Maschine in min,
f	Zusammendrückung von Schraubenfedern in mm,	T_l	Teillänge im Streifen in mm,
f	Durchbiegung eines Trägers in cm,	$1/u$	Arbeitshubzeit (Hauptzeit) in min,
G_g	Werkstoffverbrauch (Gesamtgewicht) in kg,	V_s	Vorschub in mm,
G_n	Nettogewicht der Fertigungsteile in kg,	W	Widerstandsmoment in cm³,
G_a	Werkstoffabfall (Abfallgewicht) in kg,	x	Anzahl der Teile im Streifen,
g	Erdbeschleunigung $9{,}81 \text{ m/s}^2 \approx 10 \text{ m/s}^2$,	y	Anzahl der Streifen,
		z	Anzahl der Fertigungsstücke,
H_f	Höhe der Zwischenlage in mm,	Z_m	Stegbreite (Zwischenmaterial) in mm,
i	Trägheitshalbmesser in m,	Z_{vs}	Anzahl der Streifenvorschübe,
J_m	Trägheitsmoment in $\text{m} \cdot \text{kg} \cdot \text{s}^2$,	α, β	Winkelgröße in Grad,
J	Flächenträgheitsmoment in cm⁴,	γ	Wichte des Werkstoffes,
L	Streifenlänge in mm bzw. mm/min,	δ	Werkstoffdicke in mm,
l	Trägerlänge in cm,	φ	Stufensprung $\varphi = \sqrt[z-1]{n_z/n_1}$,
n	Drehzahl je min,	ω	Winkelgeschwindigkeit in 1/s,
n	Korrektionsfaktor abhängig vom Ziehverhältnis $\dfrac{d}{D}$,	μ	Reibungszahl 0,1 bzw. 0,06
p	Flächenpressung in kg/mm² bzw. kg/cm²,	Σ_T	Summe der Teile für Gesamtauftrag,
p_r	Preßdruck in kg/cm²,	σ_b	Biegnormalspannung beim Winkelbiegen in kg/cm² bzw. kg/mm²
P	Schnittkraft in kg,	σ_B	Biegefestigkeit in kg/cm² bzw. kg/mm²,
P_a	Ausstoßkraft in kg,	σ_d	Druck beim Formstanzen in kg/mm²,
P_z	Ziehkraft in kg,	τ_a	Scherfestigkeit in kg/mm² bzw. kg/cm²,

---

721/16/53.-III/18/203.